Visual Basic 程序设计
学习指导与练习

（第6版）

郝冬梅　主　编

杨彩云　高雪玲　副主编

电子工業出版社·

Publishing House of Electronics Industry

北京·BEIJING

内 容 简 介

本书是《Visual Basic 程序设计（第 6 版）》的配套习题册，内容安排与配套教材的内容安排一致。本书分为 12 章，每章包含知识要点和习题两部分。本书另附 5 套模拟试题及参考答案。

本书在编写上紧扣教材，题型多样，难度由浅入深。本书可作为中等职业学校 "Visual Basic 程序设计" 课程的配套习题册，还可作为各类培训班 Visual Basic 课程的习题册。

未经许可，不得以任何方式复制或抄袭本书之部分或全部内容。

版权所有，侵权必究。

图书在版编目（CIP）数据

Visual Basic 程序设计学习指导与练习 / 郗冬梅主编. —6 版. —北京：电子工业出版社，2023.11

ISBN 978-7-121-46585-7

Ⅰ. ①V… Ⅱ. ①郗… Ⅲ. ①BASIC 语言—程序设计 Ⅳ. ①TP312.8

中国国家版本馆 CIP 数据核字（2023）第 204336 号

责任编辑：罗美娜　　文字编辑：戴　新
印　　刷：三河市鑫金马印装有限公司
装　　订：三河市鑫金马印装有限公司
出版发行：电子工业出版社
　　　　　北京市海淀区万寿路 173 信箱　邮编　100036
开　　本：880×1 230　1/16　印张：12.5　字数：320 千字
版　　次：2009 年 8 月第 1 版
　　　　　2023 年 11 月第 6 版
印　　次：2025 年 2 月第 6 次印刷
定　　价：36.00 元

前言

　　随着程序设计技术的发展，目前中等职业学校的程序设计类课程教学也从文本界面、面向过程的程序设计全面转型为可视化、面向对象的程序设计。Visual Basic 以其易用、易学的特点被越来越多的学校作为程序设计类课程的必修语言。

　　本书是《Visual Basic 程序设计（第 6 版）》的配套习题册，内容安排与配套教材的内容安排一致。本书分为 12 章，每章包含知识要点和习题两部分。本书另附 5 套模拟试题及参考答案。

　　为了使读者不被书中的代码和思路束缚，编程部分的答案略去，因为编程的方法很多，关键是要抓住重点，开拓思路，提高分析问题、解决问题的能力。

　　本书由郗冬梅担任主编，杨彩云、高雪玲担任副主编，参加本书编写的人员还有呼和浩特市商贸旅游职业学校陈霞、秦翠玲、马玲燕、内蒙古经贸学校冯春燕和呼和浩特市托克托县高级职业中学任晓娜。

　　由于编者水平有限，书中难免存在不妥之处，恳请各位专家、老师、同学提出宝贵意见。

编　者

目 录

第 1 章

Visual Basic 概述

1.1　知识要点

1．了解 Visual Basic 的主要特点。

2．掌握 Visual Basic 的启动与退出方法。

3．认识 Visual Basic 集成开发环境。

1.2　习　　题

一、选择题

1．Visual Basic 6.0 是一种面向_____的编程环境。

　　A．机器　　　　B．对象　　　　C．过程　　　　D．应用

2．下列关于 Visual Basic 特点的描述中正确的是_____。

　　A．面向对象　　　　　　　　B．可视化

　　C．事件驱动　　　　　　　　D．以上全部都是

3．下列选项中不属于 Visual Basic 工作模式的是_____。

　　A．编译　　　　　　　　　　B．设计

　　C．运行　　　　　　　　　　D．中断

4．只有在执行某种操作后，才会执行某段程序，这种机制被称为_____。

A．事件驱动　　　　　　　　B．面向对象

C．面向过程　　　　　　　　D．可视化

5．Visual Basic 6.0 集成开发环境的主窗口不包括_____。

A．标题栏　　　　　　　　　B．菜单栏

C．状态栏　　　　　　　　　D．工具栏

6．在 Visual Basic 中建立应用程序需要控件时，应使用_____。

A．"属性"窗口　　　　　　　B．"工具箱"窗口

C．"立即"窗口　　　　　　　D．"菜单设计"窗口

7．通过_____，可以在设计时直观地调整窗体在屏幕上的位置。

A．"代码"窗口　　　　　　　B．"窗体布局"窗口

C．"窗体设计"窗口　　　　　D．"属性"窗口

8．Visual Basic 窗体设计器用来设计_____。

A．应用程序的代码段　　　　B．应用程序的界面

C．对象的属性　　　　　　　D．对象的事件

9．Visual Basic 6.0 集成开发环境的工作状态有_____。

A．一种　　　　　　　　　　B．两种

C．三种　　　　　　　　　　D．四种

10．在 Visual Basic 6.0 集成开发环境中，激活"属性"窗口使用的功能键是【_____】。

A．F2　　　　B．F3　　　　C．F4　　　　D．F5

11．在 Visual Basic 6.0 集成开发环境中，要想显示某个窗口，可以通过"_____"菜单下的命令使其显示。

A．文件　　　B．编辑　　　C．视图　　　D．工程

12．启动 Visual Basic 后，系统会为用户新建的工程起一个_____的临时名称。

A．工程 1　　B．窗体 1　　C．工程　　　D．窗体

13．下列选项中不是 Visual Basic 6.0 打开工程的方法的是_____。

A．按【Alt+O】组合键　　　B．选择"文件"菜单中的"打开工程"命令

C．按【Ctrl+O】组合键　　　D．单击"标准"工具栏上的"打开工程"按钮

14．下列关于 Visual Basic 6.0 工具栏的说法中不正确的是_____。

A．工具栏的位置可以任意改变　B．工具栏一定在菜单栏的下方

C．工具栏可以显示或隐藏　　　D．Visual Basic 有多个工具栏

15．退出 Visual Basic 的组合键是【_____】。

A．Ctrl+Q　　　　　　　　　B．Shift+Q

C．Alt+Q　　　　　　　　　　D．Ctrl+Alt+Q

16．Visual Basic 6.0 集成开发环境可以_____。

A．编辑程序、调试程序、运行程序，但不能生成可执行程序

B．编辑程序、生成可执行程序、运行程序，但不能调试程序

C．编辑程序、调试程序、生成可执行程序，但不能运行程序

D．编辑程序、调试程序、运行程序，也能生成可执行程序

17．在设计应用程序时，可以查看应用程序工程中的所有部分的窗口是_____。

    A．"窗体设计器"窗口　　　　　　B．"代码编辑"窗口

    C．"属性"窗口　　　　　　　　　D．"工程资源管理器"窗口

18．在设计阶段，当双击窗体上的某个控件时，所打开的窗口是_____。

    A．"工程资源管理器"窗口　　　B．"工具箱"窗口

    C．"代码编辑"窗口　　　　　　D．"属性"窗口

19．下列选项中不能打开"属性"窗口的操作是_____。

    A．选择"视图"菜单中的"属性窗口"命令

    B．按【F4】键

    C．按【Ctrl+T】组合键

    D．单击工具栏上的"属性窗口"按钮

20．Visual Basic 6.0 集成开发环境的工作状态显示在_____。

    A．状态栏的最左侧　　　　　B．状态栏的最右侧

    C．状态栏的中括号内　　　　D．标题栏的中括号内

二、填空题

1．Visual Basic 中的 Visual 是_____的意思。

2．Visual Basic 是一种面向_____的程序设计语言，采用了_____编程机制。

3．Visual Basic 中能够将计算结果立即显示出来的窗口称为"_____"窗口。

4．Visual Basic 6.0 包括 3 个版本，分别是_____、_____和_____。

5．可以通过"_____"菜单中的"_____"命令退出 Visual Basic 集成开发环境。

6．退出 Visual Basic 的组合键是【_____】。

7．新建一个工程可以通过"_____"菜单中的"_____"命令实现，也可以通过组合键【_____】实现。

8．当进入 Visual Basic 集成开发环境后，发现没有显示"工具箱"窗口，应选择"_____"菜单的"_____"命令，使"工具箱"窗口显示。

9．Visual Basic 窗体设计器的用途是设计应用程序窗体的_____。

10．在"工程资源管理器"窗口中有 3 个按钮，单击"_____"按钮可以打开窗体设计器，单击"_____"按钮可以打开代码编辑器。

三、简述题

1．简述 Visual Basic 3 个版本适合的用户。

2．Visual Basic 有几种工作模式？

3．简述 Visual Basic 6.0 集成开发环境包含的窗口及其作用。

4．"属性"窗口由哪些部分组成？

第 2 章

Visual Basic 简单的程序设计

2.1 知识要点

1. 理解 Visual Basic 可视化编程的基本概念。
   - ➤ 对象。
   - ➤ 类。
   - ➤ 对象的三要素：属性、方法、事件。
   - ➤ 工程的组成。
2. 掌握编写程序的一般步骤。
   - ➤ 新建工程。
   - ➤ 创建程序界面。
   - ➤ 设置控件和窗体对象的属性。
   - ➤ 编写代码。
   - ➤ 运行和调试程序。
3. 掌握窗体和基本控件的常用属性、事件、方法。
   - ➤ 控件的建立、移动、删除、调整大小和位置。
   - ➤ 通过"属性"窗口设置对象的属性。

2.2 习 题

一、选择题

1. 下列叙述中正确的是_____。
    A．只有窗体才是 Visual Basic 中的对象
    B．只有控件才是 Visual Basic 中的对象
    C．窗体和控件都是 Visual Basic 中的对象
    D．窗体和控件都不是 Visual Basic 中的对象

2. 下列四个选项中，不属于同类的是_____。
    A．Click   B．Name   C．Caption   D．Top

3. Visual Basic 6.0 中的每个对象都拥有自己的属性、_____和方法。
    A．控件   B．函数   C．事件   D．公用过程

4. 对象的性质和状态特性被称为_____。
    A．事件   B．方法   C．属性   D．类

5. 一个对象可执行的动作被称为_____。
    A．事件   B．方法   C．属性   D．过程

6. 由 Visual Basic 预先设置好的、能被对象识别的动作称为_____。
    A．方法   B．事件   C．属性   D．过程

7. 下列四个选项中，不是事件的是_____。
    A．Load   B．Enabled   C．Unload   D．DblClick

8. 下列关于面向对象编程的叙述中错误的是_____。
    A．属性是描述对象特征的数据
    B．方法指示对象的行为
    C．事件是能够被对象识别的动作
    D．Visual Basic 程序的运行机制是面向对象

9. 下列叙述中正确的是_____。
    A．任何一个对象的所有属性既可在"属性"窗口中设置，也可用程序代码的方式设置
    B．在"属性"窗口中设置的属性是在设计阶段完成的，因此这些属性不能改变
    C．在程序中通过编程设置的属性是在运行阶段给属性赋值的
    D．用程序代码的方式给属性赋值的格式是"属性名:属性值"

10. Visual Basic 工程文件的扩展名是_____。

    A．.for   B．.frm   C．.vbp   D．.bas

11. Visual Basic 窗体文件的扩展名是_____。

    A．.for   B．.frm   C．.vbp   D．.bas

12. 在 Visual Basic 环境下，当编写一个新程序时，所做的第一件事是_____。

    A．编写代码   B．新建一个工程

    C．打开"属性"窗口   D．打开"立即"窗口

13. 利用 Visual Basic 设计程序的基本步骤可分为以下 5 步：

（1）设计用户界面；（2）设置属性；（3）_____；（4）运行调试程序；（5）保存工程。

    A．编写代码   B．设计算法   C．信息反馈   D．系统集成

14. 为了保存一个 Visual Basic 应用程序，下列说法中正确的是_____。

    A．只保存窗体文件（.frm）

    B．只保存工程文件（.vbp）

    C．分别保存工程文件和标准模块文件（.bas）

    D．分别保存工程文件、窗体文件和标准模块文件

15. 在 Visual Basic 中，不论何种控件，共同具有的属性是_____。

    A．Text   B．Name   C．ForeColor   D．Caption

16. 要使某控件在运行时不显示，应对_____属性进行设置。

    A．Enabled   B．Visible   C．BackColor   D．Caption

17. 决定控件上文字的字体、字形、大小、效果的属性是_____。

    A．Text   B．Caption   C．Name   D．Font

18. 同时改变一个活动控件的高度和宽度，正确的操作是_____。

    A．拖曳控件 4 个角上的某个小方块

    B．只能拖曳位于控件右下角的小方块

    C．只能拖曳位于控件左下角的小方块

    D．不能同时改变控件的高度和宽度

19. Visual Basic 中最基本的对象是_____，它是应用程序的基石，也是其他控件的容器。

    A．文本框   B．命令按钮   C．窗体   D．标签

20. 下列叙述中正确的是_____。

    A．窗体的 Name 属性指定窗体的名称，用来标记一个窗体

    B．窗体的 Name 属性的值是显示在窗体标题栏中的文本

    C．可以在运行期间改变对象 Name 属性的值

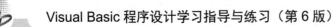

D．对象的 Name 属性可以为空

21．假定已在窗体上绘制了多个控件，并且有一个控件是活动的，为了在"属性"窗口中设置窗体的属性，应预先执行的操作是_____。

A．单击窗体上没有控件的地方　　B．单击任何一个控件

C．不执行任何操作　　D．双击窗体的标题栏

22．窗体的 Caption 属性的作用是_____。

A．确定窗体的名称　　B．确定窗体标题栏的内容

C．确定窗体边界的类型　　D．确定在窗体中输出的字符的字体

23．下列关于窗体的描述中错误的是_____。

A．执行 Unload Form1 语句后，窗体 Form1 消失，但仍在内存中

B．窗体的 Load 事件在加载窗体时发生

C．当窗体的 Enabled 属性为 False 时，通过鼠标和键盘对窗体的操作都被禁止

D．窗体的 Height、Width 属性分别用于设置窗体的高和宽

24．如果希望一个窗体在显示的时候没有边框，应该设置的属性是_____。

A．将窗体的 Caption 属性设置成空字符

B．将窗体的 Enabled 属性设置成 False

C．将窗体的 BorderStyle 属性设置成 None

D．将窗体的 ControlBox 属性设置成 False

25．要使 Form1 窗体的标题栏显示"欢迎使用 Visual Basic"，以下语句中正确的是_____。

A．Form1.Caption="欢迎使用 Visual Basic"（注：引号为中文标点）

B．Form1.Caption='欢迎使用 Visual Basic'

C．Form1.Caption=欢迎使用 Visual Basic

D．Form1.Caption="欢迎使用 Visual Basic"

26．当窗体被加载时运行，发生的事件是_____。

A．Load　　B．Unload　　C．Resize　　D．DragDrop

27．单击窗体上的"关闭"按钮，将触发_____事件。

A．Form_Initialize()　　B．Form_Load()

C．Form_Unload()　　D．Form_Click()

28．窗体 Form1 的名称属性是 frm，它的 Load 事件过程名为_____。

A．Form_Load　　B．Form1_Load

C．frm_Load　　D．Me_Load

29．可以在窗体上输出数据的方法是_____。

A．Print　　B．Cls　　C．Show　　D．Hide

30．如果使用 Print 方法将数据输出到窗体上，应先使用_____方法，否则输出的数

据不可见。

  A．Print   B．Cls   C．Show   D．Hide

31．若要改变显示在命令按钮上的文本内容，应设置其_____属性。

  A．Caption B．Text   C．Name   D．（名称）

32．如果要在命令按钮上显示图形文件，应设置命令按钮的_____。

  A．Style 属性和 Graphics 属性 B．Style 属性和 Picture 属性

  C．Picture 属性   D．Graphics 属性

33．如果在"属性"窗口中将命令按钮的_____属性设置为 False，则运行时按钮从窗体上消失。

  A．Visible   B．Enabled

  C．DisabledPicture   D．Default

34．为了使命令按钮（名称为 Command1）右移 200，应使用的语句是_____。

  A．Command1.Move-200

  B．Command1.Move 200

  C．Command1.Left=Command1.Left+200

  D．Command1.Left=Command1.Left−200

35．为了使标签中的内容居中显示，应把 Alignment 属性设置为_____。

  A．0   B．1   C．2   D．3

36．一般可以使用"属性"窗口修改控件属性，也可以通过_____为属性赋值。

  A．命令   B．对象   C．方法   D．代码

37．刚建立一个新的标准 EXE 工程后，不在工具箱中出现的控件是_____。

  A．按钮   B．标签

  C．"通用"对话框   D．文本框

38．下列选项中不属于标签属性的是_____。

  A．Font   B．Value   C．Caption D．BorderStyle

39．既可用于输入数据，又可用于输出数据的控件是_____。

  A．Label   B．TextBox

  C．ListBox   D．OptionButton

40．决定标签内显示内容的属性是_____。

  A．Text   B．Name

  C．Alignment   D．Caption

41．当在文本框中输入字符时，想用*号显示输入的内容，应设置文本框的_____属性。

  A．Caption   B．PasswordChar

  C．Text   D．Char

42．文本框没有的属性是_____。

    A．Enabled   B．Visible

    C．BackColor   D．Caption

43．使文本框获得焦点的方法是_____。

    A．Change   B．GotFocus

    C．SetFocus   D．LostFocus

44．下列选项中能够触发文本框 Change 事件的操作是_____。

    A．文本框失去焦点   B．文本框获得焦点

    C．设置文本框的焦点   D．改变文本框的内容

45．如果文本框的 Enabled 属性被设置为 False，则运行时_____。

    A．文本框中的文本将变成灰色，并且此时用户不能将光标置于文本框中

    B．文本框中的文本将变成灰色，用户仍然能将光标置于文本框中

    C．文本框中的文本将变成灰色，用户仍然能改变文本框中的内容

    D．文本框中的文本正常显示，用户能将光标置于文本框中，但是不能改变文本框中的内容

46．要将文本框设置为只读（不接收输入），应设置_____属性为 True。

    A．PasswordChar   B．Text

    C．BackColor   D．Locked

47．要使一个文本框具有水平滚动条和垂直滚动条，应先将其 MultiLine 属性设置为 True，然后将 ScrollBar 属性设置为_____。

    A．0   B．1   C．2   D．3

48．下列属性中，与文本框文本的显示无关的属性是_____。

    A．BorderStyle   B．Alignment

    C．MultiLine   D．Maxlength

49．下列方式中不能让控件获得焦点的是_____。

    A．通过【Tab】键切换   B．单击该控件

    C．使用 SetFocus 方法   D．使用键盘上的方向键

50．要把光标移到文本框 Text1 上，以便接收输入数据，正确的语句是_____。

    A．Text1.LostFocus   B．Text1.GotFocus

    C．Text1.SetFocus   D．GotFocus.Text1

二、填空题

1．在面向对象的程序设计中，可以将同类事物抽象为_____，其中所包含的个体称为_____。

2．在 Visual Basic 中，工具箱中的控件是 Visual Basic 预先设计的标准＿＿＿＿＿＿，除此之外，程序员也可根据需要定义自己的类。

3．在面向对象的程序设计中，对象的三要素指的是＿＿＿＿＿、＿＿＿＿＿和＿＿＿＿＿。

4．在面向对象的程序设计中，将对象的特征称为＿＿＿＿＿，将对象的某种行为称为＿＿＿＿＿，将对象对外界刺激的反应称为＿＿＿＿＿。

5．在面向对象的程序设计中，将对象属性的名称称为＿＿＿＿＿，将其取值称为＿＿＿＿＿。

6．在 Visual Basic 中，控件或窗体的属性值可以在程序的＿＿＿＿＿阶段和＿＿＿＿＿阶段设置。

7．对象是代码和数据的集合，如 Visual Basic 中的＿＿＿＿＿、＿＿＿＿＿、＿＿＿＿＿等都是对象。

8．事件就是在对象上所发生的事情，Visual Basic 中的事件有＿＿＿＿＿、＿＿＿＿＿、＿＿＿＿＿等。一个对象响应的事件可以有＿＿＿＿＿个，用户不能建立新的事件。事件过程是指＿＿＿＿＿＿＿＿＿＿＿＿＿＿＿。假设一个事件过程如下：

```
Private Sub cmd1_Click( )
Form1.Caption="Visual Basic 示例"
End Sub
```

则响应该过程的对象名是＿＿＿＿＿，事件名是＿＿＿＿＿。

9．属性用于描述对象的一些特征，设置对象的属性有两种方法：一种是在"＿＿＿＿＿"窗口中设置；另一种是在"＿＿＿＿＿"窗口中设置，格式为＿＿＿＿＿＿＿＿＿＿。大部分属性可以用以上两种方法进行设置，而有些属性只能用一种方法设置。

例如，假设某窗体名称为 FF，描述窗体背景颜色的属性为 BackColor，在 Visual Basic 中用 vbRed 代表红色，在运行时将窗体背景颜色设置为红色的语句为：

＿＿＿＿＿＿＿＿＿＿＿＿。

又如，假设某命令按钮名称为 C1，决定命令按钮表面文字的属性为 Caption，在运行时将命令按钮表面文字改为"显示"的语句为：

＿＿＿＿＿＿＿＿＿＿＿＿。

10．对象的方法供用户直接调用。调用对象的方法的格式为：

[对象.]方法 [参数名表]

例如，对窗体 Form1 使用 Show 方法，应写成＿＿＿＿＿＿＿。

对图片框 Picture1 使用清除方法 Cls，应写成＿＿＿＿＿＿＿。

11．与控件或窗体位置及大小有关的 4 个属性分别是＿＿＿＿＿、＿＿＿＿＿、＿＿＿＿＿和＿＿＿＿＿。

12．Visual Basic 工程文件的扩展名为＿＿＿＿＿，窗体文件的扩展名为＿＿＿＿＿。

13．若用户单击了窗体 Form1，则此时发生的事件应为＿＿＿＿＿。

14．假定有一个名称为 Label1 的标签，在运行程序时，为了能够在其中显示"Hello!"，所使用的语句为_____。

15．要使标签框的大小随 Caption 属性自动调整，应将_____属性设置为_____。

16．通过_____可以在设计时直观地调整窗体在屏幕上的位置。

17．为了在编写代码时能自动进行语法检查，必须执行"_____"菜单中的"_____"命令，打开"_____"对话框，然后选择"编辑器"选项卡中的_____。

18．如果在窗体 F1 中放置了一个命令按钮 C1、一个文本框 T1，则在代码编辑器的"对象"下拉列表框中至少应该包括_____，而在"过程"下拉列表框中列出了所选对象的所有_____名。

19．如果要使命令按钮表面显示文字"退出（X）"（在字符 X 下加下画线），则其 Caption 属性应设置为_____，其括号中的 X 表示在运行时按下【_____】键与单击该按钮效果相同。

20．要将命令按钮的背景设置为某种颜色，或者要在命令按钮上粘贴图形，应将命令按钮的_____属性设置为 1-Graphical。

三、编程题

1．在窗体上创建一个按钮控件，如图 2-1 所示，并通过"属性"窗口设置下列属性：Caption：按钮；Top：1300；Left：1800；Width：1100；Height：400。

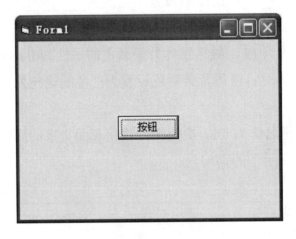

图 2-1　按钮控件程序界面

2．在窗体上创建一个标签，并在其中居中显示"欢迎使用 Visual Basic 6.0！"另外，创建一个按钮，按钮上显示文字"转换"，运行程序后，单击"转换"按钮，标签上的文字变为"Visual Basic 程序设计"，如图 2-2 所示。

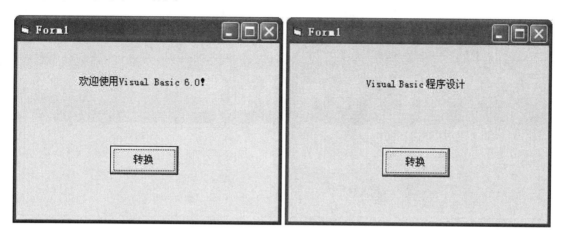

图 2-2　标签文字转换程序界面

3．创建一个窗体，初始时窗体标题栏显示"欢迎使用统计系统"。在窗体上创建一个按钮，名称为"改变标题栏"，运行程序后，单击"改变标题栏"按钮，窗体标题栏内容变为"求和统计"，如图 2-3 所示。

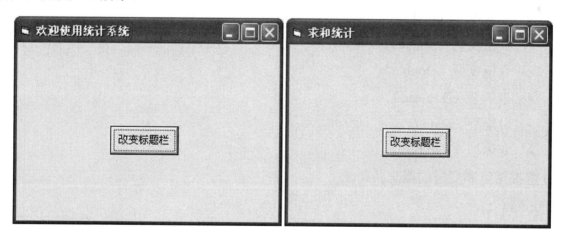

图 2-3　标题栏文字转换程序界面

第 3 章

常量和变量

3.1 知识要点

1. 掌握 Visual Basic 程序代码的书写规范。

2. 掌握 Visual Basic 中的常用数据类型。

> 字符型（String）。

> 整型（Integer）。

> 长整型（Long）。

> 单精度型（Single）。

> 双精度型（Double）。

> 布尔型（Boolean）。

> 日期型（Date）。

> 变体型（Variant）。

3. 掌握常量和变量的概念及用法。

（1）常量。

> 直接常量。

> 符号常量。

（2）变量。

> 变量的命名。

> 变量的声明。

3.2 习　题

一、选择题

1. 当在一条语句内写多条语句时，每个语句之间用_____符号分隔。

    A．，   B．：   C．、   D．；

2. 要在下一行继续写上一条语句，用_____符号作为续行符。

    A．+   B．-   C．_   D．…

3. 下列数据类型中，不是 Visual Basic 数据类型的是_____。

    A．字符型数据   B．布尔型数据

    C．时间型数据   D．日期型数据

4. 下列关于字符型数据的说法中不恰当的是_____。

    A．字符型数据是用来存储文字信息的

    B．字符型数据包含定长字符串和变长字符串

    C．字符串使用双引号或单引号作为界定符号

    D．长度为 0（不含任何字符）的字符串为空字符串（简称空串）

5. 下列关于数值型数据的说法中正确的是_____。

    A．如果数据不包含小数和指数，则应使用整型数或长整型数

    B．在 Visual Basic 中，数值型数据没有有效范围

    C．单精度数比双精度数所占存储空间更大

    D．单精度数在存储时占据两字节的存储空间

6. 下列关于数据类型的说法中不正确的是_____。

    A．布尔型数据只有 True（真）和 False（假）两个值

    B．日期型数据只用来表示日期

    C．变体型数据可以存放任何类型的数据

    D．字符型数据有两种形式：变长字符串和定长字符串

7. 下列名称中表示变体型数据的是_____。

    A．Double   B．Currency

    C．Boolean   D．Variant

8. 在表示长整型数时，可作为长整型数尾部符号的是_____。

    A．#   B．！   C．&   D．$

9．数据 12345 是＿＿＿＿＿＿数据。

　　A．整型　　　　　B．长整型　　　　　C．字符型　　　　　D．日期型

10．数据"12345"是＿＿＿＿＿＿数据。

　　A．整型　　　　　B．长整型　　　　　C．字符型　　　　　D．日期型

11．在 Visual Basic 6.0 中，数据 12345678＃的类型是＿＿＿＿＿＿。

　　A．整数型　　　　B．长整数型　　　　C．字符常数　　　　D．双精度常数

12．数据#10/11/2008#是＿＿＿＿＿＿数据。

　　A．整型　　　　　B．长整型　　　　　C．字符型　　　　　D．日期型

13．下列关于常量的说法中正确的是＿＿＿＿＿＿。

　　A．在 Visual Basic 中，常量是指在程序运行时其值可以变化的量

　　B．在 Visual Basic 中，常量的数据类型都是数值型的

　　C．在 Visual Basic 中，有两种形式的常量：直接常量和符号常量

　　D．在 Visual Basic 中，用户不可以自行定义常量

14．下列符号常量的声明中不正确的是＿＿＿＿＿＿。

　　A．Const Max As Integer=100

　　B．Const Pi=3.14

　　C．Const Xh="20180808"

　　D．Const Min=Sqr(9)

15．Visual Basic 允许的常量有＿＿＿＿＿＿。

　　A．E7　　　　　B．4.8E2　　　　　C．2.5*10　　　　　D．E-5

16．下列选项中，＿＿＿＿＿＿是字符串常量。

　　A．m　　　　　　　　　　　　　B．#01/01/99#

　　C．"m"　　　　　　　　　　　　D．True

17．下列选项中，＿＿＿＿＿＿是布尔型常量。

　　A．True　　　　B．"True"　　　　C．'True '　　　　D．# True #

18．关于变量的命名规则，下列说法中不正确的是＿＿＿＿＿＿。

　　A．变量只能由字母、数字或下画线组成

　　B．变量必须以字母开头

　　C．组成变量的字符数不得超过 255 个

　　D．可以用 Visual Basic 关键字作为变量名

19．下列各项中可以作为 Visual Basic 变量名的是＿＿＿＿＿＿。

　　A．85　　　　　B．int.sum　　　　C．A52B　　　　　D．2ab

20．下列各项中不能作为 Visual Basic 变量名的是＿＿＿＿＿＿。

　　A．a　　　　　　B．B-A　　　　　C．B_A　　　　　D．B_2

21．下列选项中可作为 Visual Basic 变量名的是_____。

    A．3*Delta   B．PrintChar   C．Abs   D．ABπ

22．下列选项中可作为 Visual Basic 变量名的是_____。

    A．Filename   B．A(A+B)   C．A+   D．Print

23．下列各项中不能作为 Visual Basic 变量名的是_____。

    A．intMax   B．IF   C．int_Max   D．I_F

24．在 Visual Basic 中，下列 4 组中两个变量名相同的是_____。

    A．tota 和 TOTA   B．tota1 和 tota2

    C．tota 和 to_ta   D．tota 和 tata

25．在 Visual Basic 中，下列 4 组中两个变量名不同的是_____。

    A．intmin 和 intMin   B．intmin 和 int_min

    C．intmin 和 Intmin   D．intmin 和 INTMIN

26．使用声明语句创建一个变量后，Visual Basic 自动将数值型的变量赋初值_____，将布尔型的变量赋_____。

    A．0   B．1   C．True   D．False

27．关于变体变量，下列说法中正确的是_____。

    A．变量未加定义而直接使用，该变量即为变体变量，因此变体变量是无类型变量

    B．变体变量占 4 字节的固定存储单元

    C．变体变量定义后，系统将变体变量初始化为数值 0 或空字符串

    D．变体型数据是一种可变的数据类型，因此变体变量可以存放任何类型的数据

28．下列选项中不能正确声明两个单精度型变量和 1 个整型变量的语句是_____。

    A．Dim x As Single,y!,z As Integer

    B．Dim x!,y!,z%

    C．Dim x,y As Single,z As Integer

    D．Dim x!,y!,z As Integer

29．设有以下定义语句：

```
Dim sum,aver As single,d1,d2 As double,ss As string*5
```

变量 sum、aver、d1、d2 和 ss 的类型分别是_____。

    A．单精度型、单精度型、双精度型、双精度型、字符型

    B．变体型、单精度型、双精度型、双精度型、字符型

    C．单精度型、单精度型、变体型、双精度型、字符型

    D．变体型、单精度型、变体型、双精度型、字符型

30．Visual Basic 中的变量如果没有显式声明其数据类型，则默认为_____。

    A．日期型   B．数据型   C．字符型   D．变体型

二、填空题

1. _____型数据是用来存储文字信息的。

2. 在 Visual Basic 中，字符型数据有两种形式，即_____和_____。

3. 在 Visual Basic 中，常用的数值型数据有整型、长整型、单精度型和_____。

4. 写出下列数据类型的变量各占多少字节的内存空间：

Integer_____，Long_____，Single_____，Double_____。

5. 单精度数有_____和_____两种表示形式。

6. 在 Visual Basic 中，1.2346E+5、1.2346D+5 两个常数分别表示_____型和_____型数据。

7. 布尔型数据只有_____和_____两个值。

8. 在 Visual Basic 中，日期型数据用两个_____符号表示，字符型数据用两个_____符号表示。

9. 在 Visual Basic 中，常量有两种表示形式，即_____和_____。

10. 在 Visual Basic 中，声明符号常量的关键字是_____。

11. 变量名只能由_____、_____和_____三类字符组成，字符个数不得超过_____。

12. 写出下列数据类型的说明符：

整型_____，长整型_____，单精度型_____，双精度型_____，字符型_____。

13. 定义变量 x 和 y 为整型数据的语句为_____。

14. Visual Basic 允许用户在编写应用程序时不声明变量而直接使用，系统临时为新变量分配存储空间并使用，这就是隐式声明。所有隐式声明的变量都是_____数据类型。

15. 用 Dim abc As Double 定义的变量 abc，其类型是_____。

三、简述题

1. Visual Basic 定义了哪几种数据类型？

2. 变量的命名规则是什么？

3．什么是变量？什么是常量？

4．说明下列符号哪些是 Visual Basic 合法的直接常量，并分别指出它们的类型。

100.0	%100	1E1	123D3	123,456	0100
"ASDF"	"1234.5"	#2017/10/7#	100#	π	True
T	−1123!	345.54#			

5．下列数据哪些是变量？哪些是常量？是什么类型的常量？

Name	"name"	False	ff	"11/16/99"	cj
"120"	n	#11/12/2017#		12.345	

6．下列符号中，哪些是 Visual Basic 的合法变量名？

A123	a12_3	123_a	a,123	a 123	Integer	XYZ
False	Sin(x)	π				

7．下列每个数值各需要多少字节来存储？写出下列数值的通常数学表示法。

（1）1.0E-2

（2）.76E4

（3）−123.456D-34

（4）123456789.54321

（5）−29E0

（6）3D3

第 4 章

函数与表达式

4.1 知识要点

1．掌握 Visual Basic 常用内部函数的用法。

（1）数学运算函数。

- Int(x)：返回不大于 x 的最大整数。
- Sqr(x)：返回 x 的平方根。
- Abs(x)：返回 x 的绝对值。
- Exp(x)：返回常数 e 的指定次幂（e^x）。
- Log(x)：返回 x 的自然对数的值。
- Sgn(x)：当 x 为负数时，返回-1；当 x 为 0 时，返回 0；当 x 为正数时，返回 1。
- Rnd(x)：生成一个在(0,1)区间内的随机小数。
- 三角函数：Sin(x)、Cos(x)、Atn(x)等。

（2）字符串函数。

- Len(字符串)：返回字符串中字符的个数。
- Str(x)：将数值型数据 x 转换为字符串。
- Val(字符串)：将字符串转换为数值型数据。
- Left(字符串,n)：从字符串左侧开始取 n 个字符，作为子字符串。
- Right(字符串,n)：从字符串右侧开始取 n 个字符，作为子字符串。
- Mid(字符串,n,[,m])：从字符串中第 n 个字符开始，取 m 个字符，作为子字符串。
- String(n,字符串)：生成 n 个由字符串首字符组成的字符串。
- Lcase(字符串)：将字符串中的所有字母转换为小写。

> ➢ Ucase(字符串)：将字符串中的所有字母转换为大写。

（3）日期和时间函数。

  ➢ Now：返回当前日期与时间。

  ➢ Date：返回当前日期。

  ➢ Time：返回当前时间。

  ➢ Year(日期)：返回日期中的年份。

  ➢ Month(日期)：返回日期中的月份。

  ➢ Day(日期)：返回日期中的日。

  ➢ WeekDay(日期)：返回星期。

  ➢ Hour(日期)：返回小时。

  ➢ Minute(日期)：返回分钟。

  ➢ Second(日期)：返回秒。

  ➢ Timer：返回从午夜算起已过的秒数。

2．掌握 Visual Basic 表达式的用法。

  ➢ 算术表达式。

  ➢ 字符串表达式。

  ➢ 日期表达式。

  ➢ 关系表达式。

  ➢ 布尔表达式。

3．掌握运算符的优先顺序。

4.2　习　　题

一、选择题

1．函数 Int (54.63)的返回值是＿＿＿＿。

  A．54　　　　　B．55　　　　　C．−54　　　　　D．−55

2．函数 Int (−54.63)的返回值是＿＿＿＿。

  A．54　　　　　B．55　　　　　C．−54　　　　　D．−55

3．函数 Len("123456")的返回值是＿＿＿＿。

  A．123　　　　　B．456　　　　　C．123456　　　　　D．6

4．函数 Left("ABCD",2)的返回值是_____。

    A．A   B．AB   C．ABCD   D．2

5．Rnd 函数不可能生成的值是_____。

    A．0   B．1   C．0.1234   D．0.00005

6．函数 Int(Rnd(1)*10)是在_____内生成的随机整数。

    A．[0,1]   B．[0,9]   C．[1,10]   D．[1,9]

7．函数 Len("123 程序设计 ABC")的值是_____。

    A．10   B．14   C．20   D．17

8．若已知 a="12345678"，则表达式 Left(a, 4)+Mid(a, 4, 2)的值是_____。

    A．123456   B．"123445"   C．123445   D．1279

9．在下列表达式中，非法的是_____。

    A．a=b+c   B．a>b+c   C．a≠b>c   D．a<b+c

10．表达式 3^2 Mod 14 \ 2^3 的值是_____。

    A．1   B．0   C．2   D．3

11．表达式 5/2*6 的值是_____。

    A．15   B．24   C．12   D．0

12．表达式"XYZ"+"487"的值是_____。

    A．"XYZ487"   B．"XYZ"   C．"487"   D．"487XYZ"

13．如果 x 是一个正实数，对 x 的第 3 位小数四舍五入的表达式是_____。

    A．0.01*Int(x+0.005)   B．0.01*Int(100*(x+0.005))

    C．0.01*Int(100*(x+0.05))   D．0.01*Int(x+0.05)

14．骰子是一个正六面体，用 1～6 这六个数分别代表这六面，掷一次骰子出现的数可表示为_____。

    A．INT(RND(6)+1)   B．INT(RND*6)

    C．INT(RND*7)   D．INT(RND*6+1)

15．表达式 Int(5*Rnd+1)* Int(5*Rnd-1)的值的范围是_____。

    A．[0,15]   B．[-1,15]   C．[-4,15]   D．[-5,15]

16．表达式 Cos(0)+Abs(-1)+Int(Rnd(1))的值是_____。

    A．1   B．2   C．0   D．-1

17．表达式"123"+Abs（-1）的值是_____。

    A．123-1   B．1231   C．错误表达式   D．124

18．数学式 cos 45°写成 Visual Basic 表达式是_____。

    A．Cos 45   B．Cos(45)

    C．Cos(45°)   D．Cos(45*3.14/180)

19．下列选项中_____是算术运算符。

A．%　　　　　B．&　　　　　C．Mod　　　　　D．And

20．10 Mod 4 的值为_____。

A．1　　　　　B．2　　　　　C．4　　　　　D．10

21．在\、/、Mod、*四个算术运算符中，优先级最低的是_____。

A．\　　　　　B．/　　　　　C．Mod　　　　　D．*

22．表达式 23/5.8、23\5.8 和 23 Mod 5.8 的运算结果分别是_____。

A．3，3.9655，3　　　　　　　B．3.9655，3，5

C．4，4，5　　　　　　　　　D．3.9655，4，3

23．在 Visual Basic 6.0 中，表达式 Log(1)+Abs(−l)+Int(Rnd(1)) 的类型是_____。

A．算术表达式　　　　　　　B．关系表达式

C．错误表达式　　　　　　　D．逻辑表达式

24．条件 1<X≤2 或 10≤X<15，在 Visual Basic 中应写成条件表达式_____。

A．X>1 AND X<=2 OR X>=10 AND X<15

B．X>1 OR X<=2 OR X>=10 OR X<15

C．X>1 OR X<=2 AND X>=10 OR X<15

D．X>1 AND X<=2 AND X>=10 AND X<15

25．选拔身高（T）超过 1.7 米且体重（W）小于 62.5 千克的人，表示该条件的表达式为_____。

A．T<=1.7 And W>=62.5　　　B．T>1.7 Or W<62.5

C．T>1.7 And W<62.5　　　　D．T<=1.7 Or W>=62.5

26．若 A 为 True，B 为 False，则"A And B"和"A Or B"的值分别是_____。

A．True　True　　　　　　　B．True　False

C．False　True　　　　　　　D．False　False

27．下列关系表达式中值为 False 的是_____。

A．"ABC">"AbC"　　　　　　B．"女">"男"

C．"BASIC"=UCase("basic)　　D．"123"<"23"

28．下列逻辑表达式中能正确表示条件"x,y 都是奇数"的是_____。

A．x Mod 2=1 Or y Mod 2=1

B．x Mod 2=0 Or y Mod 2=0

C．x Mod 2=1 And y Mod 2=1

D．x Mod 2=0 And y Mod 2=0

29．设 a=10，b=5，c=l，执行语句 Print a>b>c 后，窗体上显示的是_____。

A．True　　　　B．False　　　　C．1　　　　D．出错信息

30．统计年龄（age）不超过 35 岁且职称 zc 是"教授"或"副教授"的人数，表示该条件的逻辑表达式是_____。

    A．age<=35 And zc="教授" And zc="副教授"

    B．age<=35 And zc="教授" Or zc="副教授"

    C．age<=35 And (zc="教授" Or zc="副教授")

    D．age<=35 Or zc="教授" And zc="副教授"

二、填空题

1．Visual Basic 程序中语句行的续行符是_____。

2．Visual Basic 程序中分隔各语句的字符是_____。

3．函数 Sqr(Sqr(81))的返回值为_____。

4．函数 Sgn(-25)的值是_____。

5．Int(-8.6)的函数值是_____。

6．函数 Len(Lcase("abcDEF"))的值为_____。

7．函数 Lcase("Visual Basic")的值为_____。

8．表达式 2*3^2+2*8/4+3^2 的值为_____。

9．表达式 5^2 Mod 25\2^2 的值为_____。

10．表达式 5 Mod 2*6^2/6\2 的值为_____。

11．表达式"12"+"34"的值为_____。

12．表达式 Fix(-32.9)+Int(-24.9)的值为_____。

13．表达式 Len(Chr(65)+Chr(66))的值是_____。

14．表达式 Ucase(Mid("abcdefgh",3,4))的值是_____。

15．表达式 Int(1234.555*100+0.5)/100 的结果是_____。

16．若 A=2，B=-4，则表达式 3*A>5 Or B+8<0 的值是_____。

17．闰年的条件：年份（Y）能被 4 整除，但不能被 100 整除，或者年份能被 400 整除。表示该条件的布尔表达式是_____。

18．X 是小于 100 的非负数，对应的布尔表达式是_____。

19．一元二次方程 $ax^2+bx+c=0$ 有实根的条件是 $a\neq 0$ 且 $b^2-4ac\geq 0$，表示该条件的布尔表达式是_____。

20．表示条件"变量 X 为能被 5 整除的偶数"的布尔表达式是_____。

三、写出下列函数的值

1．Abs(-10.56)

2．Int(8/3)

3．Sqr(16)

4．Sgn(−78)

5．Fix(−14.35)

6．Int(−14.35)

7．Cos(60*3.14159/180)

8．Exp(0)

9．Lcase("Exercise")

10．Mid("Exercise",3,4)

11．Left("Exercise",6)

12．Val("23.55fen73")

13．Str(−543.89)

14．Len("内蒙古呼和浩特,CHINA")

15．Len(Str(543.89))

四、把下列数学表达式改写为 Visual Basic 表达式

1．$\dfrac{x^3 + y^3 + z^3}{\sqrt{x + y + z}}$

2．$a^2+3ab+b^2$

3．$\sqrt{\left|xy - z^3\right|}$

4．$\left(\dfrac{x+12}{2y-x}\right)^2$

5.　$\dfrac{1}{3}\pi h r^3$

6.　$\dfrac{(x-1)^2+(x+1)^2}{2x^2+1}$

7.　$\dfrac{x+y+z}{x^3+y^3+z^3}$

8.　$2x^2+3y^3+\dfrac{(x-y)^3}{(x+y)^2}$

9.　$(a-b)[a+2b-5(3c+2)]$

10.　$2\sin(\dfrac{x+y}{2})\cos(\dfrac{x-y}{2})$

五、写出下列表达式的值

1．Int(2.6)*Sgn(−8)

2．Abs(−100)+Sqr(100)

3．25.28 Mod 6.99

4．"xyz" & 456

5．123+456 &"789"

6．11\4 Mod 2

7．11 Mod 4 / 2

8．7 Mod 3+3^3 /9 \ 5

9．5<> 5

10．已知 A=7.5，B=2，C=−3.6，写出下列布尔表达式的值。

（1）A>B　And　C>A　Or　A<B　And　Not　C>B

（2）A>B　And　C>A　Or　Not　C>B　Or　A<B

六、用关系表达式或布尔表达式表示下列条件

1．i 整除 j

2．$1 \leqslant x < 10$

3．n 是小于正整数 k 的偶数

4．x、y 中有一个小于 z

5．三条边 a、b 和 c 构成三角形

第 5 章

顺序结构程序设计

5.1 知识要点

1．掌握数据的输入方法。
  ➢ 赋值语句。
  ➢ InputBox 函数。
2．几个简单的语句。
  ➢ 注释语句。
  ➢ Stop 语句。
  ➢ End 语句。
3．掌握数据的输出方法。
  ➢ Print 方法的用法。
  ➢ 消息框。

5.2 习   题

一、选择题

1．下列赋值语句中语法正确的是_____。
  A．A^2=9   B．a<b=3   C．a=b>3   D．Let a=5,b=10

2. 下列选项中正确的赋值语句是_____。

    A．x+y=30   B．pi*r*r=y   C．y=x+30   D．x=3y

3. 在 Visual Basic 中，执行 A=18 Mod 4 语句后，A 的值为_____。

    A．2   B．4   C．6   D．8

4. 执行赋值语句 g=123+Mid("123456", 3, 2)后，变量 g 的值是_____。

    A．"12334"   B．123   C．12334   D．157

5. 下列选项中不正确的赋值语句是_____。

    A．x=30-y   B．y=r.r   C．y=x+30   D．y=x\3

6. 为了给 x、y、z 三个变量赋初值 1，正确的赋值语句是_____。

    A．x=1:y=1:z=1   B．x=1,y=1,z=1

    C．x=y=z=1   D．xyz=1

7. 执行以下程序后，变量 c$的值为_____。

```
a$="Visual Basic Programming"
b$="Quick"
c$=b$ & Ucase(Mid$(a$,7,6)) & Right$(a$,12)
```

    A．Visual BASIC Programming   B．Quick Basic Programming

    C．QUICK Basic Programming   D．Quick BASIC Programming

8. Visual Basic 程序中的注释所使用的字符是_____。

    A．'   B．:   C．\   D．_

9. 下列叙述中不正确的是_____。

    A．注释语句是非执行语句，仅对程序的有关内容起注释作用，它不被解释和编译

    B．注释语句可以放在代码中的任何位置

    C．注释语句只能以关键字 Rem 开头

    D．代码中加入注释语句的目的是提高程序的可读性

10. 下列事件过程运行后，输出的结果是_____。

```
Private Sub Commandl_Click()
    a=3:b=4
    Print b<a
End Sub
```

    A．4>3   B．True

    C．False   D．显示出错信息

11. 在 Visual Basic 中，用函数 InputBox 输入数值型数据时，下列操作中可以有效防止程序出错的操作是_____。

    A．在函数 InputBox 前面使用 Val 函数进行类型转换

    B．在函数 InputBox 前面使用 Str 函数进行类型转换

C．在函数 InputBox 前面使用 Value 函数进行类型转换

D．在函数 InputBox 前面使用 String 函数进行类型转换

12．设有语句 x=InputBox("输入数值","0","示例")，程序运行后，如果从键盘上输入数值 10 并按回车键，则下列叙述中正确的是_____。

A．变量 x 的值是数值 10

B．在 InputBox 对话框标题栏中显示的是"示例"

C．0 是默认值

D．变量 x 的值是字符串"10"

13．显示为图 5-1 所示输入框的 InputBox 语句是_____。

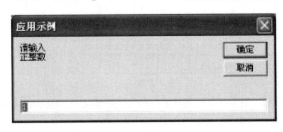

图 5-1　程序界面

A．a=InputBox("应用示例","请输入" &"正整数","1")

B．a=InputBox("应用示例","请输入" & vbCrLf &"正整数","1")

C．a=InputBox("请输入" &"正整数","应用示例","1")

D．a=InputBox("请输入" & vbCrLf &"正整数","应用示例","1")

14．阅读下面的程序：

```
n1=InputBox("请输入第一个数:")
n2=InputBox("请输入第二个数:")
Print n1+n2
```

当分别输入 111 和 222 时，程序的输出结果为_____。

A．111222　　　B．222　　　　C．333　　　　　D．程序出错

15．当使用 Print 方法输出多个表达式时，各表达式之间用_____或_____隔开。

A．,　　　　　　B．;　　　　　　C．:　　　　　　D．.

16．下列语句中不正确的是_____。

A．Print k=1+2　　　　　　　B．Print k=;1+2

C．Print"k=;1+2"　　　　　　D．Print"k=1+2"

17．设 x=2，y=5，下列语句中能在窗体上显示"A=7"的语句是_____。

A．Print A=x+y　　　　　　　B．Print"A=x+y"

C．Print"A=";x+y　　　　　　D．Print"A=" +x+y

18．设 a、b、c 为整型变量，其值分别为 1、2、3，以下程序的输出结果是_____。

```
a=b:b=c:c=a
Print a;b;c
```

A．1 2 3   B．2 3 1   C．3 2 1   D．2 3 2

19．运行以下程序后，其输出结果为_____。

```
x%=1/4
y%=11/4
Print x%;y%
```

A．0.25   0.75   B．0   2

C．0   3   D．1   3

20．以下程序的输出结果为_____。

```
Private Sub Command1_Click()
Dim sum As Integer
sum%=19
sum=2.32
Print sum%,sum
End Sub
```

A．19 2.32   B．19 19   C．2.32 2.32   D．2 2

21．以下程序的运行结果是_____。

```
Private Sub Form_Click()
x="abcdef"
y=Asc("b")-Asc("a")
z=Len(x)
Print y,z
End Sub
```

A．1 2   B．1 6   C．2 2   D．2 6

22．下面的_____语句可以实现：先在窗体上输出大写字母 A，然后在同一行的第 10 列输出小写字母 b。

A．Print"A";Tab(9);"b"   B．Print"A";Tab(10);"b"

C．Print"A";Space(10);"b"   D．Print"A";Tab(8);"b"

23．以下程序的输出结果是_____。

```
Private Sub Command1_Click()
a="ABCD"
b="efgh"
c=Lcase(a)
d=Ucase(b)
Print c+d
End Sub
```

A．abcdEFGH   B．abcdefgh

C. ABCDefgh   D. ABCDEFGH

24．如果 Tab 函数的参数小于 1，则打印位置在第_____列。

A．0   B．1   C．2   D．3

25．下面哪段程序可以实现在单击命令按钮时两个文本框（Text1 和 Text2）内容的交换？_____

A.
```
Private Sub Command1_Click()
text1.text=text2.text
End Sub
```

B.
```
Private Sub Command1_Click()
text2.text=text1.text
End Sub
```

C.
```
Private Sub Command1_Click()
text3.text=text1.text
text1.text=text2.text
text2.text=text3.text
End Sub
```

D.
```
Private Sub Command1_Click()
text1.text=text2.text
text2.text=text3.text
text3.text=text1.text
End Sub
```

26．在窗体中添加名称分别为 Command1 和 Command2 的命令按钮测试文本框 Text1，并编写如下代码：
```
Private Sub Command1_Click()
Text1.Text="AB"
End Sub
Private Sub Command2_Click()
Text1.Text="CD"
End Sub
```

先单击"Command2"按钮，然后单击"Command1"按钮，则文本框中显示_____。

A．AB   B．CD   C．ABCD   D．CDAB

27.在窗体（Name 属性为 Form1）中添加两个文本框（Name 属性分别为 Text1 和 Text2）和一个命令按钮（Name 属性为 Command1），并编写如下事件过程：
```
Private Sub Command1_Click()
```

```
a=Text1.Text+Text2.Text
Print a`
End Sub
Private Sub Form_Load()
Text1.Text=""
Text2.Text=""
End Sub
```

程序运行后，在 Text1 和 Text2 中分别输入 12 和 34，之后单击命令按钮，则输出结果为

_____。

     A．12   B．34   C．46   D．1234

28．在程序中添加一个命令按钮，并编写如下程序代码：

```
Private Sub Command1_Click()
  x="12.34": y="56.78"
  z=x+y
  p=Val(z)
  Print p
End Sub
```

程序运行后，单击命令按钮后的输出结果为_____。

     A．12.34   B．56.78   C．69.12   D．12.3456

29．关于用 MsgBox 函数显示的对话框，下列叙述中正确的是_____。

     A．该对话框中有一个"确定"按钮

     B．该对话框中有"是""否"两个按钮

     C．该对话框中有"是""否""取消"3 个按钮

     D．通过选择参数，该对话框可以得到以上不同的按钮组合

30．执行语句 a=MsgBox("AAAA", ,"BBBB")后，所生成的信息框的标题是_____。

     A．BBBB   B．空   C．AAAA   D．出错

二、填空题

1．在使用赋值语句时，常常省略关键字_____。

2．赋值语句除赋值功能外，还具有_____功能。

3．要想在代码中给名为 txtshow 的文本框赋予文本"GOOD WORK!"，应当编写的语句

是_____。

4．假定一个文本框的 Name 属性为 Text1，想在该文本框中显示"Visual Basic 你好!"，

所使用的语句为_____。

5．在 Visual Basic 中，注释语句有两种格式，分别以_____和_____开头。

6．要结束一段程序，可以使用_____语句。

7．InputBox()函数返回值的数据类型是_____。

8．执行语句 x=InputBox("请输入数据")后，输入 12345，则 x 的值是_____。

9．Visual Basic 的 Print 方法具有_____和_____双重功能。

10．Print 方法适用的对象是_____、_____和_____等。

11．Print 方法可以输出数值表达式和字符串。在输出数值表达式时，将输出数值表达式的_____；对于字符串，则会_____。

12．使用 Print 方法输出多个表达式时，各表达式之间可以使用_____或_____分隔。

13．执行语句 Print 18/2*3,-3^2 后，其输出结果为_____。

14．执行语句 Print 9.4\3.7,9.4 Mod 3.7 后，其输出结果为_____。

15．Print 方法可以使用两个函数_____和_____对输出的位置进行定位。

16．Format(5,"0.00%")的返回值为_____。

17．函数 Format(123.456,"####.##")的返回值是_____。

18．执行以下程序后，y 的值是_____。

```
x=8.6
y=int(x+0.5)
Print y
```

19．在窗体上创建两个文本框和一个命令按钮，并在代码窗口中编写如下事件过程：

```
Private Sub Command1_Click()
Text1.Text="Visual Basic Programming"
Text2.Text=Text1.Text
Text1.Text="ABCD"
End Sub
```

程序运行后，单击命令按钮，两个文本框中显示的内容分别为_____和_____。

20．阅读以下程序，按屏幕显示效果写出运行结果：_____。

```
Private Sub Form_Click
Print Tab(10); -100;Tab(20); 200;Tab(30); -300
Print Spc(10); -100;Spc(10); 200;Spc(10); -300
End Sub
```

21．阅读以下程序，按屏幕显示效果写出运行结果：_____。

```
Private Sub Form_Click()
x=2
y=3
x=y
Print"x=";x
Print"y=";y
x=x+1
Print"x=";x
Print"y=";y
```

```
End Sub
```

22．阅读以下程序，按屏幕显示效果写出运行结果：＿＿＿＿＿。

```
a=3
a=a+1
b=a
a=b+1
Print a, b
Print"a=";a,"b=";b
```

23．阅读以下程序，按屏幕显示效果写出运行结果：＿＿＿＿＿。

```
a=1
b=2
Print a, b
a=a+b
b=a+b
Print a, b
```

24．下列程序的执行结果为＿＿＿＿＿。

```
A=0:B=1
A=A+B:B=A+B:Print A;B
A=A+B:B=A+B:Print A;B
A=A+B:B=A+B:Print A;B
```

25．若变量 r 表示圆的半径，则计算圆的面积并赋给变量 s 使用的赋值语句为＿＿＿＿＿

＿＿＿＿＿＿。

26．为了求 n 的阶乘，要求用户输入 n 的值。如果程序使用 InputBox 函数输入，对话框提示信息为"请输入一个求阶乘的数："，标题为"求数的阶乘"，并且正确地把输入的信息转换为数值存放到变量 n 中，则使用的赋值语句为＿＿＿＿＿＿＿＿＿。

27．如果使用 MsgBox 对话框显示提示信息"退出本系统？"，并显示"是（Yes）"和"否（No）"两个按钮，显示图标"？"，指定第一个按钮为默认值及标题为"提示信息"，则使用的 MsgBox 语句为＿＿＿＿＿＿＿＿＿＿＿＿＿＿＿＿＿＿＿。

28．如果使用 MsgBox 对话框显示提示信息"文件未找到!"，并显示"确定"按钮、图标"!"和标题"文件查找"，则使用的 MsgBox 语句为＿＿＿＿＿＿＿＿＿＿。

29．下面的事件过程实现从键盘输入两个变量的值，交换这两个变量的值，并将交换后的结果显示在窗体中。请完善程序。

```
Private Sub Form_Load( )
Dim a As Double ,b As Double, c As Double
a=Val(InputBox("请输入a"))
b=_____
Print a,b
c=_____
```

```
a=_____
b=_____
Print a,b
End Sub
```

30．在窗体上单击按钮 Command1 时输出以下图形。

```
        *
       * *
      *   *
     *     *
    *       *
```

请完善下列程序：

```
Private Sub Command1_Click()
Print Tab(10);"*"
Print Tab(___); "*";  Spc(___);"*"
Print Tab(___); "*";  Spc(___);"*"
Print Tab(___); "*";  Spc(___);"*"
Print Tab(___); "*";  Spc(___);"*"
End Sub
```

三、编程题

1．设计一个显示信息的窗口（如图 5-2 所示），要求在文本框中输入文本信息，单击"显示文本信息"按钮后，文本信息显示在窗体上。

图 5-2　显示信息的窗口

2．设计图 5-3 所示的窗口，要求当单击"显示"按钮时，在文本框中显示"文本框的使用"；当单击"清除"按钮时，清除文本框中的内容；当单击"退出"按钮时，退出程序。

图 5-3　设计窗口

3．按要求设计一个欢迎程序，先在窗体上创建一个标签，标签上显示内容"欢迎您！"，然后创建两个命令按钮，按钮上分别显示"粗体"和"斜体"，如图 5-4 所示。要求程序运行后，当用户单击"粗体"按钮时，"欢迎您！"几个字变成粗体；当用户单击"斜体"按钮时，"欢迎您！"几个字变成斜体。

图 5-4　欢迎程序窗口

Visual Basic 程序设计学习指导与练习（第6版）

4．按要求设计一个计算程序，先在窗体上创建四个标签，内容分别是语文、数学、英语、总分，然后创建四个文本框，分别存放语文、数学、英语及总分成绩，再创建"计算""清除""退出"三个按钮，如图 5-5 所示。程序运行后，当用户单击"清除"按钮时，清除文本框中显示的内容；当单击"计算"按钮时，计算三科总分；当单击"退出"按钮时，退出程序。

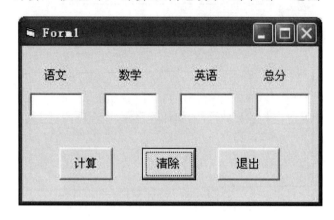

图 5-5　计算成绩程序界面

5．按要求编写程序。新建一个 Visual Basic 工程，在窗体下方添加一个按钮，按钮的名称为 Command1，按钮上显示"求解鸡兔同笼"。在适当的事件过程中编写代码，使得程序运行后，当单击"求解鸡兔同笼"按钮时，程序完成如下功能：通过 InputBox 函数让用户输入 h 和 f 的值，程序负责计算 x 和 y 的解，计算结果在窗体上显示出来，如图 5-6 所示。

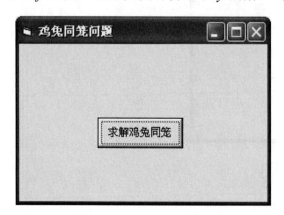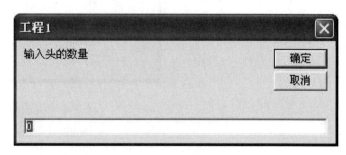

图 5-6　"鸡兔同笼问题"程序界面

鸡兔同笼问题如下：一个笼子中有 x 只鸡、y 只兔子，每只鸡有 2 只脚，每只兔子有 4 只脚，已知鸡和兔的总头数为 h，总脚数为 f，笼中鸡和兔各有多少只？根据数学知识，可以建立方程组，最终解得：$y=(f-2h)/2$，$x=(4h-f)/2$。其中，f、h 都是已知量，可以求出 x、y 的值。

6．按要求编写程序。新建一个 Visual Basic 工程，在窗体下方添加一个按钮，按钮的名称为 Command1，按钮上显示"输入一个两位数"。在适当的事件过程中编写代码，使得程序运行后，当单击按钮时，程序完成如下功能：通过 InputBox 函数让用户输入一个两位正整数，程序把这个数的个位和十位对调位置，生成一个新的数，并在窗体上显示计算结果。

7．设计一个收款计算程序（如图 5-7 所示），用户在界面上的"数量""单价""折扣" 3 个文本框中输入数值后，单击"计算"按钮，会显示应付款的值；单击"累计"按钮，可将应付款累计显示；单击"清除"按钮，可清除除"累计"外的所有数据。

图 5-7　收款计算程序界面

8．按要求编写程序。新建一个 Visual Basic 工程，根据输入的矩形的高和宽，计算矩形的周长和面积。

9．按要求编写程序。新建一个 Visual Basic 工程，根据输入的身份证号码，提取并输出该身份证号码拥有人的出生年、月、日。

10．编写一个袖珍计算器的程序，其运行界面如图 5-8 所示。

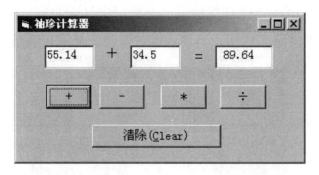

图 5-8　袖珍计算器程序运行界面

第6章 选择结构程序设计

6.1 知识要点

1. 掌握 If 语句的格式和使用方法。

（1）两种形式的单行结构条件语句。

```
① If<条件> Then<语句组>
② If<条件> Then<语句组1> Else<语句组2>
```

（2）两种形式的多行结构条件语句。

```
① If<条件> Then          ② If<条件> Then
    <语句组>                  <语句组1>
  End If                   Else
                             <语句组2>
                         End If
```

（3）If 语句的嵌套。

```
① If<条件1> Then          ② If<条件1> Then
    If<条件2> Then             <语句组1>
    …                       ElseIf<条件2> Then
    End If                     <语句组2>
    …                       …
  End If                        [ Else
                             <语句组n>]
                         End If
```

2. 掌握多分支条件选择结构 Select Case 的格式和使用。

```
Select Case<测试条件>
  Case<表达式表1>
```

```
    <语句组1>
    Case<表达式表2>
    <语句组2>
       …
    [Case Else
    <语句组n>]
    End Select
```

6.2 习   题

一、选择题

1. Visual Basic 提供了结构化程序设计的三种基本结构，它们是_____。

    A．递归结构、选择结构、循环结构

    B．过程结构、输入/输出结构、转向结构

    C．顺序结构、分支结构、循环结构

    D．选择结构、过程结构、顺序结构

2. 关于语句 If x=1 Then y=1，下列说法中正确的是_____。

    A．x=1 和 y=1 均为赋值语句

    B．x=1 为条件式，y=1 为赋值语句

    C．x=1 和 y=1 均为关系表达式

    D．x=1 为赋值语句，y=1 为关系表达式

3. 下列选项中不正确的单行结构条件语句是_____。

    A．If x>y Then Print"x>y"

    B．If x Then t=t *x

    C．If x Mod 3=2 Then ? x

    D．If x<0 Then y=2*x-1:Print x End If

4. 以下程序_____。

```
Dim a As Integer, b As Integer, c As Integer
a=1:b=2:c=3
If a=c-b Then Print"#####" Else Print"*****"
```

    A．没有输出   B．有语法错误

    C．输出#####   D．输出*****

5. 把 a、b 之中的最大值存放于 max，下列语句中书写正确的是_____。

A．If a>b Then max=a Else max=b End If

B．If a>b Then max=a Else max=b

　　End If

C．If a>b Then

　　max=a

　　Else

　　max=b

D．If a>b Then

　　max=a

　　Else

　　max=b

　　End If

6．以下程序运行后，显示的结果是_____。

```
Dim x
x=1
If x Then Print x Else Print x+1
```

A．1　　　　　　　　　　　　B．0

C．2　　　　　　　　　　　　D．显示出错信息

7．当输入 4 时，以下程序的输出结果是_____。

```
Private Sub Command1_Click()
x=InputBox(x)
If x^2<15 Then y=1/x
If x^2>15 Then y=x^2+1
Print y
End Sub
```

A．4　　　　　B．17　　　　　C．18　　　　　D．0

8．以下程序的运行结果为_____。

```
Private Sub Form_Click()
Const pi As Single=3.14
a%=7
If a Mod 4> pi Then
    Print"努力"
Else
    Print"学习"
 End If
End Sub
```

A．努力　　　　　　　　　　B．学习

C．出错   D．无输出

9．用 If 语句表示分段函数

$$f(x) = \begin{cases} \sqrt{x+1} & x \geqslant 1 \\ x^2 + 3 & x < 1 \end{cases}$$

下列选项中不正确的程序是_____。

  A．If   x>=1 Then f=Sqr(x+1)

      f=x*x+3

  B．If   x>=1 Then f=Sqr(x+1)

      If   x<1 Then f=x*x+3

  C．If   x>=1 Then f=Sqr(x+1) Else f=x*x+3

  D．If   x<1 Then f=x*x+3 Else f=Sqr(x+1)

10．假定有如下语句：

```
Private Sub Form_Click()
a = Val (InputBox ("请输入a"))
b = Val (InputBox ("请输入b"))
x = a*a + b
If b > a Then x = b*b + a
Print x
End Sub
```

运行时从键盘输入 3 和 4，输出 x 的值是_____。

  A．12   B．13   C．19   D．20

11．假定有如下语句：

```
Private Sub Form_Click()
K=2
If K>=1 Then A=3
If K>=2 Then A=2
If K>=3 Then A=1
Print A
End Sub
```

程序运行后，输出的结果是_____。

  A．1   B．2   C．3   D．出错

12．运行下列程序后，s 的值为_____。

```
Private Sub Form_Click()
a=2:b=4:c=6
If a<b Then
s=10
ElseIf b<c Then
s=20
```

```
    Else
    s=30
    End If
    End Sub
```

A. 0   B. 10   C. 20   D. 30

13. 运行如下程序，其输出结果是_____。

```
Private Sub Form_Click()
a=4
If a<=3 Then
b=a
End If
If a<=4 Then
b=a+1
End If
If a<=5 Then
b=a+2
End If
Print a;b
End Sub
```

A. 4 4   B. 4 5   C. 4 6   D. 4 7

14. 当a=1，b=3，c=5，d=4时，运行下面这段程序后，x的值为_____。

```
If a<b Then
   If c<d Then
     x=1
   Else
     x=2
   End If
Else
   If c<d Then
     x=3
   Else
     x=4
   End If
End If
```

A. 1   B. 2

C. 3   D. 4

15. 在 Select 判断结构中，下列语句表述不正确的是_____。

A. Case 1   B. Case a> 5

C. Case 3 To 6   D. Case Is<10

16. 下列关于 Select Case a 的叙述错误的是_____。

A．Case"abc","ABC"表示判断变量 a 是否和"abc"、"ABC"两个字符串中的一个相同

B．Case"X"表示判断变量 a 是否为大写字母 X

C．Case −7,0,100 表示判断变量 a 是否等于字符串"−7,0,100"

D．Case 10 To 100 表示判断变量 a 是否介于 10 与 100 之间

17．下列 Case 语句正确的是_____。

A．Select Case x

Case 1 Or 3 Or 5

y=x*x−1

Case Is>10

y=x+1

End Select

B．Select Case x

Case 1, 3, 5

y=2*x−1

Case x Is<=1

Y=2*x+1

End Select

C．Select Case x

Case Is<=0

y=x−1

Case Is>0

y=Sqr(x)+1

End Select

D．Select Case x

Case x>=1 And x<=5

y=x−1

Case Is>10

y=x*x+1

End Select

18．运行如下程序后，从键盘输入−5，输出的结果是_____。

```
x=-5
s=Val(InputBox("请输入s的值:"))
Select Case s
 Case Is>0
     y=x+1
```

```
        Case Is=0
            y=x+2
        Case Else
            y=x+3
    End Select
    Print x;y
```

　　A．-5 -2　　　　　　　　　B．-5 -4

　　C．-5 -3　　　　　　　　　D．-5 -5

19．运行下面的程序，其显示的结果是_____。

```
Dim x
    x=Int(Rnd) +4
    Select Case x
      Case 5
        Print"优秀"
      Case 4
        Print"良好"
      Case 3
        Print"通过"
      Case Else
        Print"不通过"
End Select
```

　　A．优秀　　　　　　　　　　B．良好

　　C．通过　　　　　　　　　　D．不通过

20．下面程序的运行结果为_____。

```
a=2
b=1
Select Case a+b
    Case 1
    Print"**0**"
    Case 2
    Print"**1**"
    Case 3
    Print"**2**"
End Select
```

　　A．**0**　　　　　　　　　　B．**1**

　　C．**2**　　　　　　　　　　D．0

二、填空题

1．在条件语句中，条件表达式可以分为两类：_____和_____。条件表达式的结果为布尔值：_____或_____。

2．条件判断结构可以使用_____语句、_____语句和_____语句。

3．在 Select Case 语句中，当不止一个 Case 后面的取值与表达式的值匹配时，只执行第_____个与表达式匹配的 Case 后面的语句序列。

4．判别变量 x 是否大于 0，若大于 0，则累加到变量 s1 中，否则累加到变量 s2 中，使用的单行结构条件语句为_____。

5．运行下列程序后，变量 X 的值是_____。

```
X=50
Y=30
If X<Y Then X=X-Y Else X=Y+X
```

6．下列程序的输出结果是_____。

```
A=Sqr(3)
B=Sqr(2)
C=A> B
Print C
```

7．下列程序的运行结果是_____。

```
A=" abcd " : B=" bcde "
E=Right (A,3 )
F=Mid (B,2,3 )
If E<F Then Print E+F Else Print F+E
```

8．下列程序的运行结果是_____。

```
Private Sub Command1_Click()
X=-5
If Sgn(x) Then
Y=Sgn(x^2)
Else
Y=Sgn(x)
End If
Print Y
End Sub
```

9．下列程序的运行结果为_____。

```
A=75
If A>60 Then I=1
If A>70 Then I=2
Print I
```

10．下列程序的运行结果为_____。

```
A=75
If A>90 Then
I=1
```

```
ElseIf A>80 Then
I=2
ElseIf A>70 Then
I=3
ElseIf A>60 Then
I=4
End If
Print I
```

11. 下列程序运行后，其输出的结果是_____。

```
x=Int(Rnd) +2
If x^2> 8 Then y=x^2+1
If x^2=9 Then y=x^2-2
If x^2< 8 Then y=x^3
Print y
```

12. 若你的工资为 2999 元，则下列程序的输出结果为_____。

```
Private Sub Form_Click()
Dim x As Currency, y As Currency
x=Val(InputBox("输入你的工资数目","交税计算窗口", 1000))
If x<=1000 Then
y=0
ElseIf x<=2000 Then
y=x*0.1
Print"你应该缴纳" & y &"元税金"
ElseIf x<=3000 Then
y=x*0.2
Print"你应该缴纳" & y &"元税金"
Else
y=x*0.3
Print"你应该缴纳" & y &"元税金"
End If
End Sub
```

13. 下列程序的作用：通过 InputBox 函数输入一个整数，之后判断这个整数能否同时被 2、5 和 7 整除，如果能，则在窗体上输出该值及其平方值。请完善程序。

```
Private Sub Command1_Click()
Dim numx As Integer
numx=Val(InputBox("请输入一个整数"))
If_____Then
Form1.Print _____
End If
End Sub
```

14. 下列程序实现求任意两个数中的最大值，请完善程序。

```
Private Sub Command1_Click ( )
Dim A As Single , B As Single , M As Single
A=Val (Text1.Text )
B=_____
If A< B Then
_____
Else
M=A
_____
Text3.Text=M
End Sub
```

15. 设计一个除法计算器，如图 6-1 所示，请完善程序。

图 6-1 除法计算器程序界面

```
Private Sub Command1_Click()
x=Val(Text1.Text)
y=Val(Text2.Text)
If _____ Then
A=MsgBox ("除数不能为 0",,)
Else
_____
Text3=z
End Sub
```

16. 编写事件过程并满足以下要求：在文本框 1 中输入一个数值型数据，单击"Command1"按钮，在文本框 2 中显示该数据是整数或小数的信息，如图 6-2 所示。请完善程序。

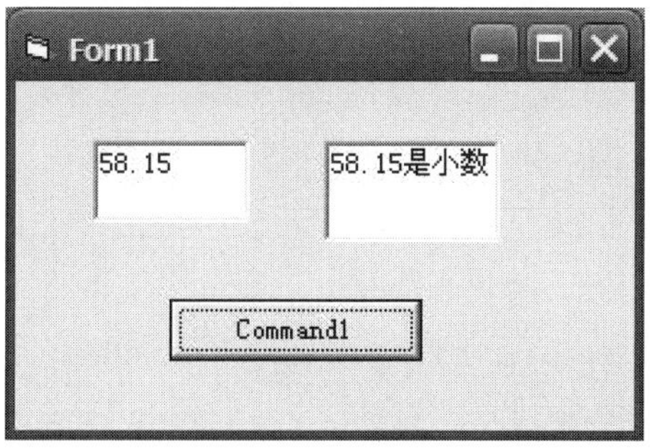

图6-2　程序界面

```
Private Sub Command1_Click()
Dim a As Single
a=_____
If a=_____Then
    Text2.Text=_____
Else
    Text2.Text=a &"是小数"
End If
End Sub
```

17. 下列程序运行后，当 x 的输入值分别为 2、3、4 和 15 时，其输出结果分别为_____。

```
Private Sub Command1_Click()
Dim x%, y%
x=InputBox("请输入x的值:")
Select Case x
Case 1, 3, 5
y=x+1
Case 2, 4
y=2*x
Case Is> 10
y=x*x+1
End Select
Print"x="; x,"y="; y
End Sub
```

18. 下列程序的功能：输入一名学生的成绩（百分制），判断该成绩的等级（优、良、中、及格、不及格）并在标签中输出。请完善程序。

```
Dim score As Integer, temp As String
score=Val(InputBox("请输入百分制成绩"))
temp="成绩等级为: "
Select Case _____
Case 0 To 59
    Label1.Caption=temp+"不及格"
Case 60 To 69
```

```
    Label1.Caption=temp+"及格"
Case _____
    Label1.Caption=temp+"中"
Case 80 To 89
    Label1.Caption=temp+"良"
Case 90 To 100
    Label1.Caption=temp+"优"
_____
    Label1.Caption="成绩出错"
_____
```

19．编写程序，根据上网时间计算上网费用，计算方法如下：

费用：50 元　　　　　　<10 小时

每小时 6 元　　　　　11～59 小时

每小时 4 元　　　　　≥60 小时

每月收费最多不超过 200 元。

请完善程序。

```
Dim n%
Private Sub Form_Load()
n=InputBox("请输入上网小时数")
Select Case _____
    Case Is< 10
        s=50
    Case Is<60
        _____
    Case Else
        s=4*n
End Select
If_____ Then s=200
Print"上网费用为"; s;"元"
End Sub
```

20．判断某一闰年中任意给定的月份有多少天，请完善程序。

```
Private Sub Command1_Click( )
Dim m As Integer
m=Val(Text1.Text)
Select Case m
    Case _____
        Text2.Text="输入错误"
    Case 2
        Text2.Text="本月有 29 天"
    Case 1, 3, 5, 7, 8, 10, 12
```

```
        Text2.Text="本月有 31 天"
    _____
        Text2.Text="本月有 30 天"
    End Select
End Sub
```

三、编程题

1．从键盘输入一个整数，判断是否为 5 的倍数。

2．从键盘输入任意 3 个数 A、B、C，找出其中最大的数。

3．从键盘输入任意 3 个数 A、B、C，将其按由大到小的顺序显示出来。

4．从键盘输入任意一个数，求 $y = \begin{cases} 3x & x > 0 \\ 0 & x = 0 \\ x^2 + 1 & x < 0 \end{cases}$ 的值。

5. 给定函数 $y = \begin{cases} 3x-5 & 1 \leqslant x < 2 \\ 2\cos x + 1 & 2 \leqslant x < 4 \\ \sqrt{1+x^2} & 4 \leqslant x \leqslant 5 \\ x^2 - 4x + 5 & \text{其他} \end{cases}$，从键盘上输入 x 的值，求 y 的值（要求使用 Select 语句）。

6. 设计一个用户登录界面（如图 6-3 所示），要求：用户名必须以字母开头，长度不大于 10 个字符；口令可以是任意字符，区分大小写，长度不少于 4 个字符。单击"登录"按钮后检测用户名和口令是否正确，若正确，则显示信息框"口令正确，允许登录!"；若不正确，则显示信息框"口令不正确，请重新输入!"；输入错误口令次数超过 3 次，显示"你不是合法用户，不能登录!"对话框。

图 6-3　用户登录界面

7．某百货公司为了促销，采用购物打折的优惠办法：购物满 1000 元及以上者，享受九折优惠；购物满 2000 元及以上者，享受八折优惠；购物满 3000 元及以上者，享受七折优惠。试编写程序，输入购物金额，计算并输出优惠价格，程序界面如图 6-4 所示。

图 6-4　程序界面

第 7 章

循环结构程序设计

7.1 知识要点

1. 掌握 For…Next 循环语句的格式及使用方法。

```
For<循环变量>=<初值> To<终值> [Step<步长>]
    <循环体>
Next<循环变量>
```

2. 掌握 Do 循环语句的格式及使用方法。

```
（1）Do [While|Until]<条件>          （2）Do
    <语句组>                              <语句组>
    [Exit Do]                             [Exit Do]
Loop                              Loop   [While|Until]<条件>
```

3. 掌握 While 循环语句的格式及使用方法。

```
While<条件>
[语句组]
Wend
```

7.2 习　　题

一、选择题

1. 循环结构 For i=1 To 10 Step 1.5 的执行次数是_____次。

A．7　　　　　B．8　　　　　C．9　　　　　D．10

2．下列结构中不属于循环结构的是_____。

　　A．For/Next　　　　　　　　B．Do While/Loop

　　C．Select/End Select　　　　D．While /Wend

3．若要退出 For 循环，可使用的语句为_____。

　　A．Exit　　　　B．Exit　Do　　　C．Time　　　　D．Exit　For

4．下列程序的循环结构运行后，i 的输出值是_____。

```
Dim y As Integer
For i=1 To 10 Step 2
    y=y+i
Next i
Print i
```

　　A．25　　　　　　　　　　　B．10

　　C．11　　　　　　　　　　　D．因为 y 初值不知道，所以不确定

5．下列程序的循环次数是_____次。

```
Private Sub Command1_Click()
 For j=8 To 35 Step 3
  Print j;
 Next j
End Sub
```

　　A．10　　　　　B．9　　　　　C．27　　　　　D．28

6．运行下面的程序后，I 的值为_____。

```
s=2
For I=3.2 To 4.9 Step 0.8
s=s+1
Next I
```

　　A．6.4　　　　B．5.6　　　　C．4.8　　　　D．7.2

7．运行下面的程序后，变量 S 的值为_____。

```
S=5
For i=2.6 To 4.9 Step 0.6
S=S+1
Next i
```

　　A．7　　　　　B．8　　　　　C．9　　　　　D．10

8．运行下面的程序后，变量 x 的值为_____。

```
x=5
For i=1 To 20 Step 2
x=x+ i\5
Next i
```

A. 21   B. 22

C. 23   D. 24

9. 以下程序的运行结果是_____。

```
Private Sub Form_Click()
    Dim s As Long, f As Long
    Dim n As Integer, i As Integer
    f=1
    n=4
    For i=1 To n
        f=f*i
        s=s+f
    Next i
    Print"s="; s
End Sub
```

A. 33   B. 34   C. 35   D. 36

10. 以下程序的作用是_____。

```
m=0:n=0
For i=1 To 10
  x=Val(InputBox("请输入x的值:"))
  If x>0 Then
      m=m+x
ElseIf x<0 Then
      n=n+1
  End If
Next i
Print m,n
```

A. 计算从键盘输入的数据之和，并统计输入数据的数目

B. 分别计算从键盘输入的正数之和与负数之和

C. 分别计算从键盘输入的正数和负数的个数

D. 计算从键盘输入的正数之和，并统计负数的个数

11. 如果从键盘输入的数据依次是1、2、3、4、5、6、7、8、9、10，则以下程序的运行结果是_____。

```
s=0
For i=1 To 10
x=Val(InputBox("请输入x的值:"))
If x/3=Int(x/3) Then
s=s+x
End If
Next i
```

```
Print"s=";s
```
  A．s=18 B．s=27 C．s=36 D．s=54

12．以下程序运行后，输出字符的排列顺序是＿＿＿＿＿＿。

```
For i=1 To 6
   If i Mod 2=0 Then
   Print"#";
   Else
       Print"*";
   End If
Next i
```
  A．#*#*# B．##### C．***** D．*#*#*#

13．以下程序的运行结果是＿＿＿＿＿＿。

```
Private Sub Form_Click()
Dim i As Integer, X As String, Y As String
X="ABCDEFG"
For i=4 To 1 Step -1
Y=Y+Mid(X, i, 1)
Next i
Print Y
End Sub
```
  A．ABCD B．DCBA C．DEFG D．GFED

14．以下程序的运行结果是＿＿＿＿＿＿。

```
Private Sub Form_Click()
    Dim b As Integer, k As Integer
    b=1
    For k=1 To 5
    b=b*k
    If b>=15 Then
    Exit For
    End If
    Next k
    Print k, b
End Sub
```
  A．3　15 B．2　12 C．4　24 D．5　15

15．在下列程序中，语句 a=a-1 执行的次数是＿＿＿＿＿＿次。

```
a=0
For b=1 To-2 Step-1
   a=a-1
Next b
```
  A．2 B．4 C．3 D．0

16. 在窗体中添加一个文本框（其中 Name 属性为 Text1），然后编写如下代码：

```
Private Sub Form_Click()
Text1.Text=""
Text1.SetFocus
For I=1 To 10
Sum=Sum+I
Next I
Text1.Text=Sum
End Sub
```

上述程序运行后，单击窗体，运行的结果是_____。

    A．在文本框 Text1 中输出 55   B．在文本框 Text1 中输出 0

    C．出错   D．在文本框 Text1 中输出不定值

17. 在下列程序中，s=s+j 语句共执行了_____次。

```
Dim s As Integer
Dim i As Integer, j As Integer
For i=1 To 10 Step 2
For j=1 To 5 Step 2
  s=s+j
Next j
Next i
Print s
```

    A．10   B．15   C．20   D．25

18. 以下程序运行后，变量 x 的值为_____。

```
x=0
For i=1 To 5
 For j=1 To 5
   x=x+1
 Next j
Next i
Print x
```

    A．15   B．20   C．25   D．30

19. 以下程序的运行结果是_____。

```
For x=1 To 2
  a=0
  For y=1 To x+1
    a=a+1
  Next y
  Print a;
Next x
```

    A．1 1   B．0 0   C．1 2   D．2 3

20. 以下程序的运行结果是_____。

```
n=0
For i=0 To 1
For j=0 To 1
    n=n+1
Next j
Next i
Print n
```

A. 4   B. 2   C. 1   D. 0

21. 以下程序的运行结果是_____。

```
For i=1 To 4
   x=2
For j=1 To 3
   x=1
For k=1 To 2
   x=x+3
Next k
Next j
Next i
Print x
```

A. 7   B. 6   C. 56   D. 72

22. 以下程序的运行结果是_____。

```
For i=3 To 1 Step-1
Print Tab (5-i);
For j=1 To 2*i-1
    Print"*";
Next j
Print
Next i
```

A.　*
　　***
　　*****

B. *****
　 ***
　　*

C. *****
　 ***
　　*

D. *****
　 ***
　　*

23. 下列关于 Do…Loop 循环结构执行循环次数的描述中正确的是_____。

A．Do While…Loop 循环和 Do…Loop Until 循环至少都执行一次

B．Do While…Loop 循环和 Do…Loop Until 循环可能都不执行

C．Do While…Loop 循环至少执行一次，Do…Loop Until 循环可能不执行

D．Do While…Loop 循环可能不执行，Do…Loop Until 循环至少执行一次

24．下列循环中能正常结束的是＿＿＿＿。

A．i=5

DO

i=i+1

Loop Until i<0

B．i=1

DO

i=i+2

Loop Until i=10

C．i=10

DO

i=i+1

Loop Until i>10

D．i=6

DO

i=i-2

Loop Until i=1

25．以下程序运行后，变量 s、x 的值分别为＿＿＿＿。

```
Dim s As Integer, x As Integer
s=10: x=1
Do While x< 10
   s=s+2
   x=x+2
Loop
Print s, x
```

A．50 11   B．20 10   C．20 11   D．100 10

26．下列程序中，＿＿＿＿不能分别正确显示 1!、2!、3!、4!的值。

A．For i=1 To 4

  n=1

  For j=1 To i

   n=n*j

  Next j

  Print n

  Next i

B．For i=1 To 4

  For j=1 To i

  n=1

  n=n*j

  Next j

  Print n

  Next i

C．n=1

  For j=1 To 4

  n=n*j

   Print n

  Next j

D．n=1

  j=1

  Do While j<=4

   n=n*j

   Print n

   j=j+1

  Loop

27. 某林场 1995 年植树 100 亩，以后每年的植树面积按 5%的速度增长，能正确计算出到 1998 年时 4 年累计植树面积的程序的是＿＿＿＿＿＿。

A. s=100:r=0.05

For i=1996 To 1998

s=s*(1+r)

Next i

Print i

End

B. s=100:sum=100:r=0.05

For i=1996 To 1998

s=s*(1+r)

sum=sum+s

Next i

Print sum

C. s=100:r=0.05

For i=1996 To 1998

s=s*(1+r)+s

Next i

Print i

End

D. s0=100:sum=100:r=0.05

For i=1996 To 1998

s=s0*(1+r)

sum=sum+s

Next i

Print sum

28. 下列程序的输出结果是＿＿＿＿＿＿。

```
x%=2
Do while x<8
Print "*";
x=x+2
Loop
```

A. *   B. **   C. ***   D. ****

29. 设有以下程序：

```
Dim k%
  k=5
Do Until k=0
k=k-1
Loop
```

下列对循环语句的描述正确的是＿＿＿＿＿＿。

A. 循环体 1 次也不执行   B. 循环体执行 1 次

C. 循环体执行 5 次   D. 循环体执行无限次

30. 以下程序的运行结果是＿＿＿＿＿＿。

```
Private Sub Form_Click()
  m=1
  n=1
  Do
    m=m*n
    n=n+1
```

```
    Loop Until n> 4
     Print m
End Sub
```

    A. 25   B. 45   C. 55   D. 24

31. 以下程序的运行结果是_____。

```
Private Sub Form_Click()
    a=1
    b=a
 Do Until a>=5
    X=a*b
    Print Str(a) &"*" &Str(b) &"="; Str(X),
    a=a+b
    b=b+a
  Loop
End Sub
```

    A. 1*1=1   2*3=6   B. 1*1=2   2*2=4

    C. 1*1=1   3*3=9   D. 1*1=2   3*2=6

32. 以下程序运行后，单击命令按钮，在两个文本框中显示的值分别为_____。

```
Private Sub Command1_Click()
x=0
Do While x<50
x=(x+2)*(x+3)
n=n+1
Loop
Text1.Text=Str(n)
Text2.Text=Str(x)
End Sub
```

    A. 1 和 0   B. 2 和 72   C. 3 和 50   D. 4 和 168

33. 以下程序的运行结果是_____。

```
a=10:y=0
Do
  a=a+2
  y=y+a
 If y>20 Then
    Exit Do
  End If
Loop While a<=14
Print"a=";a;"y=";y
```

    A. a=18   y=24   B. a=14   y=26

    C. a=14   y=24   D. a=12   y=12

34. 有如下程序：

```
j=1 : n=0
Do While n<3
 j=j*(j+1)
 n=n+1
Loop
Print n ; j
```

程序运行后，其输出结果是_____。

    A. 1 0   B. 3 3   C. 4 30   D. 3 42

35. 在窗体上创建一个名称为 Command1 的命令按钮，并编写如下事件过程：

```
Private Sub Command1_Click()
Dim a As Integer, s As Integer
a=8
s=1
Do
s=s+a
a=a—1
Loop While a<=0
Print s; a
End Sub
```

程序运行后，单击命令按钮，窗体上显示的内容是_____。

    A. 7 9   B. 34 0   C. 9 7   D. 死循环

36. 设有如下程序：

```
Private Sub Command1_Click()
Dim sum As Double, x As Double
sum=0
n=0
For i=1 To 5
x=n / i
n=n+1
sum=sum+x
Next
End Sub
```

该程序通过 For 循环计算一个表达式的值，这个表达式是_____。

    A. 1+1/2+ 2/3+3/4+4/5   B. 1+1/2+2/3+3/4

    C. 1/2+2/3+3/4+4/5   D. 1+1/2+1/3+1/4+1/5

37. 下列程序运行后，输出的结果是_____。

```
Private Sub Form_Click()
 b=1 : a=1
```

```
    Do While b<100
      a=2*a
      If a>6 Then Exit Do
      b=a^2+b^2
    Loop
  Print b
End Sub
```

    A．5   B．17   C．21   D．41

38．阅读下面的程序：

```
Private Sub Form_ Click()
  x=Val(InputBox("请输入一个数"))
  c=Abs(x)
  While x<>-1
    If Abs(x)>c then c=Abs(x)
    x=Val(InputBox("请输入一个数"))
  Wend
  Print c
End Sub
```

程序运行时依次输入 5、9、8、2、-999、-1，输出结果是＿＿＿＿。

    A．9   B．-999   C．999   D．-1

39．阅读下面的程序：

```
For i=1 To 3
For j=1 To 3
For k=1 To 3
a=a+1
Next k
Next j
Next i
```

运行上面的三重循环后，a 的值为＿＿＿＿。

    A．9   B．12   C．27   D．21

40．阅读下面的程序：

```
Private Sub Form_Click()
  For i=1 to 4
    m=0
    For j=1 To 5
        m=1
      For k=1 to  6
          m=m+5
      Next k
    Next j
```

```
      Next i
        Print m
     End Sub
```

程序运行后，输出结果是_____。

    A．11　　　　　B．21　　　　　C．31　　　　　D．41

二、填空题

1．当 For…Next 循环的<Step>子句缺省时，循环变量每次改变的值是_____。

2．循环结构中与 Do While 语句匹配出现的循环结束语句是_____。

3．下列程序中循环语句的循环次数是_____次。

```
For x=10 To 1 Step-3
  Print x
Next x
```

4．运行以下程序后，变量 i 的值是_____。

```
For i=1 To 3
  i=i+1
Next i
Print i
```

5．以下程序的输出结果是_____。

```
 num=0
Do While num<=2
 num=num+1
Loop
 Print num
```

6．以下循环语句的执行次数是_____次。

```
K=0
Do While K<=10
  K=K +2
Loop
```

7．有如下程序：

```
For i=1 to 3
For j=5 to 1 step-1
  Print i*j
Next j
Next i
```

程序运行后，语句 Print i*j 的执行次数为_____次。

8．以下程序用来生成 20 个[0,99]的随机整数，并将其中的偶数打印出来。请完善程序。

```
Private Sub Command1_Click()
Randomize
```

```
    For I=1 To 20
      x=_____
      If _____ Then Print x
    Next I
  End Sub
```

9. 以下程序生成 20 个[200,300]的随机整数，输出其中能被 7 整除的数，并求它们的和。请完善程序。

```
    Private Sub Command1_Click()
      For i=1 To 20
        x=_____
        If_____=0 Then
         Print x
         S=S+_____
        End If
      Next i
      Print"Sum=":S
    End Sub
```

10. 以下程序用来计算由键盘输入的 N 个数中正数之和、负数之和、正数的个数、负数的个数。其中，用 C 累加负数之和，用 IC 累加负数的个数，用 D 累加正数之和，用 ID 累加正数的个数。请完善程序。

```
    Private Sub Command1_Click()
    N=10
    C=0:IC=0:D=0:ID=0
    For _____
      A=Val(InputBox("请输入 A"))
      If A<0 Then C=C+A:IC=IC+1
      If A>0 Then D=_____:_____
    Next K
    Print"负数的个数为: ",IC
    Print"负数的和为: ",C
    Print"正数的个数为: ",ID
    Print"负数的个数为: ",D
    End Sub
```

11. 以下程序用来输出 20 个[10,87]的随机整数 R，每行输出 4 个整数。请完善程序。

```
    Private Sub Command1_Click()
    For i=1 To 20
    R=_____
     Print R;
    If_____Then Print
    Next i
    End Sub
```

12. 以下程序的功能：在文本框 Text1 中输入任意一个字符，将按相反的次序显示在文本框 Text2 中。请完善程序。

```
Private Sub Command1_Click()
 Dim N As String, C As String , D As String
 N=Text1.text
M=_____
For i=M To 1 Step -1
  C=Mid (N,i,1)
  D=D&_____
Next i
_____=D
End Sub
```

13. 以下程序的功能：找出 50 以内所有能构成直角三角形的整数组。请完善程序。

```
Private Sub Form_Click()
For x=1 To 50
For y=x To 50
z=Sqr(x*x+y*y)
If _____ Then
Print x; y; z
End If
Next y
Next x
Print
End Sub
```

14. 在窗体上创建一个名称为 Command1 的命令按钮，编写如下事件过程，请完善程序。

```
Private Sub Command1_Click()
Dim a As String
a="123456789"
For i=1 To 5
Print Spc(6-i); _____
Next i
End Sub
```

程序运行后，单击命令按钮，要求窗体上显示的输出结果如下：

```
    5
   456
  34567
 2345678
123456789
```

15. 以下程序运行后，输出的结果如下：

```
* * * * * * * *
 * * * * * * * *
  * * * * * * * *
   * * * * * * * *
```

请完善程序。

```
Private Sub Form_Click()
For i=1 To 4
_____
For j=1 To 8
Print"*";
Next j
_____
Next i
End Sub
```

16. 以下程序的功能：从键盘上输入若干个学生的考试分数，当输入负数时，结束输入，输出其中的最高分数和最低分数。请将程序补充完整。

```
Private Sub Form_Click()
Dim x As Single,amax As Single,amin As Single
x=_____
amax=x
_____
Do While _____
If x>amax Then
amax=x
End If
If _____Then
amin=x
End If
x=InputBox("输入成绩")
Loop
Print"Max=";amax,"Min=";amin
End Sub
```

17. 以下程序的功能：从键盘上输入若干个数字，当输入负数时，结束输入，统计数字的平均值并输出结果。请完善程序。

```
Private Sub Form_Click()
Dim x,y As Single Dim z As Integer
X=InputBox("Enter a score")
While x>=0
  y=y+x
  _____
```

```
    x=InputBox("Enter a score")
Wend
If z=0 Then
    _____
End If
y=y/z
Print y
```

18．计算 1+(1+2)+(1+2+3)+…+(1+2+3+…+100)。请完善下列程序。

```
Private Sub Form_Click()
Dim I as Integer, S as Long, Sum as _____
S=0:Sum=0
For i=1 to 100
S=_____
Sum=_____
Next
Print _____
End Sub
```

19．求 $S=2!+3!+…+20!$，请将下列程序补充完整。

```
S=0
For i=2 To 20
    _____
For j=1 To_____
T=_____
    _____
S=_____
Next i
Print"结果是: " & S
```

20．本程序的功能是利用随机数函数模拟投币，方法是每次随机生成一个 0 或 1 的整数，相当于一次投币，1 代表正面，0 代表反面。在窗体上有 3 个文本框，名称分别是 Text1、Text2、Text3，分别用于显示用户输入投币总次数、出现正面的次数和出现反面的次数，如图 7-1 所示。程序运行后，在文本框 Text1 中输入总次数，然后单击"开始"按钮，按照输入的次数模拟投币，分别统计出现正面、反面的次数，并显示结果。以下是实现上述功能的程序，请完善程序。

图 7-1　模拟投币程序界面

```
Private Sub Command1_Click()
Randomize
n=CInt(Text1.Text)
n1=0
n2=0
For i=1 To _____
r=_____
If r=_____  Then
n1=n1+1
Else
n2=_____

_____
Next
Text2.Text=_____
Text3.Text=n2
End Sub
```

三、编程题

1. 求 1~100 中 5 或 7 的倍数的和。

2. 计算 $1+\frac{1}{2}+\frac{1}{3}+\frac{1}{4}+\frac{1}{5}+\cdots+\frac{1}{n}$。

3. 设计程序，求 $S=1!+3!+5!+7!+9!$ 的值。

4. 计算 $1+\dfrac{1}{2!}+\dfrac{1}{3!}+\dfrac{1}{4!}+\dfrac{1}{5!}+\cdots+\dfrac{1}{n!}$。

5. 若 $S=1+2+3+\cdots+n$，编写程序求 $S>1000$ 时 n 的最小值。

6. 输入若干个正实数，个数预先不能确定，求这些正实数之和（要求分别使用 Do While…Loop 语句和 Do Until…Loop 语句实现）。

7. 输入两个正整数，求它们的最大公约数。

8．随机生成 10 个[100,200]的数，求最大值。

9．猴子每天吃掉的桃子数量是所有桃子数量的一半多一个，到第 7 天发现只剩下 1 个桃子了，求最开始有几个桃子。

10．某次大奖赛，有 7 个评委打分，编程实现：对于一名参赛者，输入 7 个评委的打分，去掉一个最高分和一个最低分，求出的平均分为该参赛者的得分。

第 **8** 章

Visual Basic 常用内部控件

8.1　知识要点

1. 掌握单选按钮控件（OptionButton）、复选框控件（CheckBox）、框架的用法。
2. 掌握列表框（ListBox）、组合框（ComboBox）的用法。
3. 掌握图片框（PictureBox）、图像框（Image）的用法。
4. 掌握滚动条、计时器控件的用法。

8.2　习　　题

一、选择题

1. 当单击单选按钮控件后，下列说法正确的是＿＿＿＿。
   - A．只执行 Click 事件
   - B．只执行 GetFocus 事件
   - C．既执行 Click 事件，也执行 GetFocus 事件
   - D．具体执行哪个事件要在程序或属性中设定

2. 下列关于单选按钮的说法正确的是＿＿＿＿。
   - A．单选按钮的 Enabled 属性用于决定该按钮是否被选中
   - B．单选按钮的 Value 属性用于决定该按钮是否被选中

C．单选按钮的 Checked 属性用于决定该按钮是否被选中

D．单选按钮的 Visible 属性用于决定该按钮是否被选中

3．下列关于选项的说法正确的是_____。

A．一个窗体上（包括其他容器）的所有单选按钮一次只有一个被选中

B．一个窗体上（不包括其他容器）的所有单选按钮一次只有一个被选中

C．在一个容器中，单选按钮可以有多个同时被选中

D．所有容器（多于一个）中的单选按钮不能同时被选中

4．下列关于复选框的说法正确的是_____。

A．复选框的 Enabled 属性用于决定该复选框是否被选中

B．复选框的 Value 属性用于决定该复选框是否被选中

C．复选框的 Checked 属性用于决定该复选框是否被选中

D．复选框的 Visible 属性用于决定该复选框是否被选中

5．当复选框的 Value 属性为 1 时，表示_____。

A．复选框未被选中　　　　B．复选框被选中

C．复选框内有灰色的对钩　　D．复选框操作出现错误

6．下列关于复选框的说法正确的是_____。

A．一个窗体上的所有复选框一次只能有一个被选中

B．一个容器中的所有复选框一次只能有一个被选中

C．一个容器中的多个复选框可以同时被选中

D．无论在容器中还是在窗体中，都可以同时选中多个复选框

7．在窗体上创建两个单选按钮，名称分别为 Option1、Option2，标题分别为"宋体"和"黑体"；创建一个复选框，名称为 Check1，标题为"粗体"；创建一个文本框，名称为 Text1，Text 属性为"改变文字字体"。要求在程序运行时，"宋体"单选按钮和"粗体"复选框被选中（如图 8-1 所示），能够实现上述要求的语句是_____。

图 8-1　窗体界面

A．Option1.Value=True　　　　　B．Option1.Value=True

Check1.Value=False　　　　　　　Check1.Value=True

C．Option2.Value=False　　　　　D．Option1.Value=True

Check1.Value=True　　　　　　　Check1.Value=1

8．命令按钮、单选按钮和复选框上都有 Picture 属性，可以在控件上显示图片，但需要通过_____控制。

　　A．Appearance 属性　　　　　　B．Style 属性

　　C．DisabledPicture 属性　　　　D．DownPicture 属性

9．要将控件与框架捆绑在一起，以下操作正确的是_____。

　　A．在窗体的不同位置分别创建框架和控件，再将控件拖到框架上

　　B．在窗体上创建控件，再创建框架将控件框起来

　　C．在窗体上创建框架，再在框架中创建控件

　　D．在窗体上创建框架，再双击工具箱中的控件

10．如果有 3 个单选按钮被创建在窗体上，另有 4 个单选按钮被创建在框架中，则运行时可以同时选中_____个单选按钮。

　　A．1　　　　　B．2　　　　　C．3　　　　　D．4

11．想要向列表框添加列表项，可使用的方法是_____。

　　A．Add　　　B．Remove　　　C．Clear　　　D．AddItem

12．想要得到列表框中项目的数目，可以访问_____属性。

　　A．List　　　　　　　　　　　B．ListIndex

　　C．ListCount　　　　　　　　　D．Text

13．在组合框中选择某一项内容时，可以通过_____属性获得。

　　A．List　　　　　　　　　　　B．ListIndex

　　C．ListCount　　　　　　　　　D．Text

14．设组合框 Combo1 中有 3 个项目，能删除最后一项的语句是_____。

　　A．Combo1.RemoveItem Text

　　B．Combo1.RemoveItem 2

　　C．Combo1.RemoveItem 3

　　D．Combo1.RemoveItem Combo1.Listcount

15．下列控件中没有 Caption 属性的是_____。

　　A．框架　　　　　　　　　　　B．列表框

　　C．复选框　　　　　　　　　　D．单选按钮

16．将数据项"China"添加到列表框 List1 中成为第一项，应使用的语句是_____。

　　A．List1.AddItem"China", 0

B．List1.AddItem"China", 1

    C．List1.AddItem 0,"China"

    D．List1.AddItem 1,"China"

17．在窗体上分别添加一个列表框和一个文本框，并编写如下两个事件过程：

```
Private Sub Form_Load()
List1.AddItem"357"
List1.AddItem"246"
List1.AddItem"123"
List1.AddItem"456"
End Sub
```

```
Private Sub List1_DblClick()
a=List1.Text
Print a+Text1.Text
End Sub
```

程序运行后，在文本框中输入"789"，之后双击列表框中的"456"，则输出结果为____。

    A．1245   B．456789   C．789456   D．0

18．要清除列表框中的所有项目，可以使用_____方法。

    A．AddItem   B．RemoveItem

    C．Clear   D．Print

19．要选择列表框 List1 的第 6 项，可以使用语句_____。

    A．List1.Selected(6)=True   B．List1.Selected(5)=True

    C．List1.Selected=6   D．List1.ListIndex=6

20．引用列表框的最后一项，应使用_____。

    A．List1.List(List1.ListCount-1)   B．List1.List(List1.ListCount)

    C．List1.List(ListCount)   D．List1.List(ListCount-1)

21．假如列表框中有 4 个数据项，将字符串"hello"添加到列表框的最后，可使用_____语句。

    A．List1.AddItem"hello",List1.ListCount-1

    B．List1.AddItem"hello",List1.ListCount

    C．List1.AddItem 3,"hello"

    D．List1.AddItem"hello" ,3

22．如果没有在列表框中选择项目，并且列表框的 MultiSelect 属性为默认值（0-None），则执行语句 List1.RemoveItem List1.ListIndex 的结果是_____。

    A．删除列表框的最后一项   B．删除列表框的第一项

    C．出错   D．删除列表框中最后添加的一项

23．将组合框的 Style 属性设置为 0，其表现形式为＿＿＿＿＿。

　　A．下拉列表框　　　　　　　　B．下拉组合框

　　C．简单组合框图　　　　　　　D．文本框

24．为了添加 ComboBox 控件中的项目，需要使用＿＿＿＿＿方法。

　　A．Add　　　　　　　　　　　　B．Remove

　　C．AddItem　　　　　　　　　　D．RemoveItem

25．要清除组合框 Combo1 中的所有内容，可以使用＿＿＿＿＿语句。

　　A．Combo1.Cls　　　　　　　　B．Combo1.Clear

　　C．Combo1.Delete　　　　　　　D．Combo1.Remove

26．下列说法正确的是＿＿＿＿＿。

　　A．图片框控件除可以显示图形外，还可以作为控件的容器

　　B．图像框控件除可以显示图形外，还可以作为控件的容器

　　C．图片框控件可以延伸任何类型的图形的大小以适应控件的大小

　　D．作为图形控件，图片框控件比图像框控件占内存少

27．要获得滚动条的当前位置，可以通过访问＿＿＿＿＿属性来实现。

　　A．Value　　　　　　　　　　　B．Max

　　C．Min　　　　　　　　　　　　D．LargeChange

28．要使滚动条表示最大值 100，应设置其＿＿＿＿＿属性。

　　A．Maximize　　　　　　　　　B．MaxChange

　　C．Max　　　　　　　　　　　　D．LargeChange

29．要使滚动条表示最小值 10，应设置其＿＿＿＿＿属性。

　　A．Minimize　　　　　　　　　B．Min

　　C．MinChange　　　　　　　　　D．SmallChange

30．要使每次单击滚动条两端箭头时变化值为 10，应设置其＿＿＿＿＿属性。

　　A．Minimize　　　　　　　　　B．Min

　　C．MinChange　　　　　　　　　D．SmallChange

31．要使单击滚动条滑块与两端箭头之间的空白区域时变化值为 20，应设置其＿＿＿＿＿
属性。

　　A．Max　　　　　　　　　　　　B．Min

　　C．LargeChange　　　　　　　　D．SmallChange

32．Timer 控件的＿＿＿＿＿属性决定该控件是否对时间的推移产生影响，将该属性设置为
False 时会关闭 Timer 控件，将该属性设置为 True 时会打开 Time 控件。

　　A．Enabled　　　　　　　　　　B．Visible

　　C．Time　　　　　　　　　　　　D．Capable

33．Timer 控件的 Interval 属性以_____为单位指定 Timer 事件之间的时间间隔。

    A．分   B．秒   C．毫秒   D．微秒

34．下列关于定时器的说法错误的是_____。

    A．运行时定时器在窗体上不可见

    B．定时器只有一个 Timer 事件

    C．可以根据需要在窗体上设置定时器的大小（高度和宽度）

    D．如果定时器的 Interval 属性为 0，则定时器无效

35．下面_____控件不支持 Change 事件。

    A．TextBox   B．Label   C．PictureBox   D．ListBox

36．下面_____控件不支持 Db1Click 事件。

    A．ListBox   B．CheckBox   C．Form   D．Image

37．对于定时器控件，如果希望每秒产生 10 个事件，则要将 Interval 属性值设置为_____。

    A．100   B．200   C．300   D．400

38．对于定时器（Timer）控件，设计其定时是否开启的属性是_____。

    A．Index   B．Tag   C．Enabled   D．Left

39．要设置定时器控件定时触发 Timer 事件的时间间隔，可通过_____属性来设置。

    A．Interval   B．Value   C．Enabled   D．Text

40．在窗体上创建一个文本框和一个定时器控件，名称分别为 Text1 和 Timer1，在"属性"窗口中把定时器的 Interval 属性值设置为 1000，将 Enabled 属性设置为 False，程序运行后，单击命令按钮，每隔 1 秒在文本框中显示一次当前的时间。以下是实现上述功能的程序：

```
Private Sub Command1_Click()
    Timer1._____
End Sub
Private Sub Timer1_Timer()
    Text1.Text=Time
End Sub
```

在上述程序中应填入的内容是_____。

    A．Enabled=True   B．Enabled=False

    C．Visible=True   D．Visible=False

二、填空题

1．当单选按钮的 Enabled 属性为 False 时，表示_____。

2．将_____属性设置为 1，单选按钮和复选框以图形方式显示。

3．将 Alignment 属性设置为_____，单选按钮的标题显示在右边。

4．列表框中项目的序号是从_____开始的。

5. _____ 表示列表框中最后一项的序号。

6. 列表框中的 _____ 和 _____ 属性是数组。

7. 向列表框中添加一个项目的方法名为 _____。

8. 如果列表框的 ListCount 属性为 10，则列表框的最后一项的 ListIndex 值为 _____。

9. 组合框是组合了文本框和列表框的特性而形成的一种控件。_____ 风格的组合框不允许用户输入列表框中没有的项。

10. 滚动条响应的重要事件有 _____ 和 _____。

11. 当用户单击滚动条的空白处时，滑块移动的增量由 _____ 属性决定。

12. 滚动条产生 Change 事件是因为 _____ 值改变了。

13. 从列表框中删除一个项目的方法名为 _____。

14. Visual Basic 中有三种不同类型的组合框，可通过其 _____ 属性设置。

15. 下列程序是将列表框 List1 中重复的项目删除，只保留一项，请完善程序。

```
For i=0 To List1.ListCount-1
For j=List1.ListCount-1 To_____  step-1
If List1.List(i)=List1.List(j) Then

_____

End if
Next j
Next i
```

16. 在窗体上创建一个列表框 List1 和一个文本框 Text1，并编写如下两个事件过程：

```
Private Sub Form_Load ()
List1.AddItem"办公室"
List1.AddItem"政工部"
List1.AddItem"财务科"
List1.AddItem"学生处"
a=List1.ListCount
List1.Listindex=1
Text1.Text=List1.List(List1.ListIndex)
End Sub
```

程序运行后，a=_____，Text1.Text=_____。

17. 如果要求时钟控件每 4 秒发生一次 Timer 事件，则 Interval 属性应设置为 _____。

18. 设某列表框共有 10 项，按题目要求完善程序。

（1）按下命令按钮 Command1 时将列表框第 8 项的内容显示在窗体上：

```
Private Sub Command1_Click()
    List1. _____=True
    Print List1._____
End Sub
```

（2）当单击列表框某一项时，将该项输出到窗体上：

```
Private Sub List1_Click()
    Print _____
End Sub
```

（3）按下命令按钮 Command2 时，删除列表框中的第 1、3、5、7、9 项：

```
Private Sub Command2_Click()
    For i=1 To 5
        List1. _____
    Next i
End Sub
```

（4）在列表框的每一项之后插入一个新的项：

```
Private Sub Command3_Click()
    For i=1 To 10
        x=InputBox("请输入插入的第" & i &"项内容")
        List1.AddItem _____
        Next i
    End Sub
```

19. 设窗体 Form1 上有一个列表框 List1，单击窗体并在输入框中输入数据，在输入框中输入了内容并单击"确定"按钮后，按以下情况进行处理。

（1）如果输入的内容在字母"a"到"z"之间，并且列表框中没有该字母，则将其添加到列表框中，然后继续显示输入框，提示输入下一个字母。

（2）如果输入的内容在字母"a"到"z"之间，并且列表框中已经存在该字母，则显示一个消息框提示"字母已经存在"，然后继续显示输入框，提示输入下一个字母。

（3）如果输入的内容不在字母"a"到"z"之间，则显示一个消息框"输入数据不在指定范围内"，然后继续显示输入框，提示输入下一个字母。

如果在输入框中单击"取消"按钮，则停止输入。请完善程序。

```
Private Sub Form_Click()
    Do While True
        Exist=0
        x=InputBox("请输入 a 到 z 之间的一个字母","")
        If x>="a" And x<="z" Then
            For i=0 To _____
                If _____=x Then
                    MsgBox"字母已经存在",,"注意"
                    Exist=1
                    Exit For
                End If
            Next i
            If Exist=0 Then _____
```

```
            Else
                If _____Then
                    Exit Sub
                Else
                    MsgBox"输入数据不在指定范围内",,"注意"
                End If
            End If
        Loop
End Sub
```

20．在窗体上创建一个名称为 Label1 的标签和一个名称为 List1 的列表框。程序运行后，在列表框中添加若干列表项。当双击列表框中的某个项目时，在标签 Label1 中显示所选项目，如图 8-2 所示。请将程序补充完整。

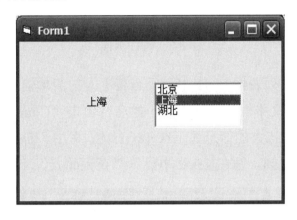

图 8-2　程序界面

```
Private Sub Form_load()
 List1.AddItem"北京"
 List1.AddItem"上海"
 List1.AddItem"湖北"
End Sub
Private Sub_____()
 Label1.Caption=_____
End Sub
```

21．在窗体上创建一个列表框、一个命令按钮和一个标签，其名称分别为 List1、Command1 和 Label1，通过"属性"窗口把列表框中的项目设置为"第一个项目""第二个项目""第三个项目""第四个项目"。程序运行后，在列表框中选择一个项目，之后单击命令按钮，即可将所选择的项目删除，并在标签中显示列表框当前的项目数，运行界面如图 8-3 所示（选择"第四个项目"的情况）。请将程序补充完整。

```
Private Sub Command1_Click()
 If List1.ListIndex>=_____ Then
  List1.RemoveItem _____
```

```
    Label1.Caption=_____

_____
  MsgBox"请选择要删除的项目"
  End If
End Sub
```

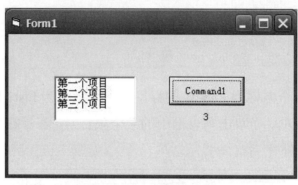

图 8-3　程序界面

22．如图 8-4 所示，在列表框 List1 中已经有若干人的简单信息，程序运行时在 Text1 文本框（"查找对象"右边的文本框）中输入一个姓名，单击"Command1"按钮，会在列表框中进行查找，若找到，则把该人的信息显示在 Text2 文本框中。若有多个匹配的列表项，则只显示第 1 个匹配项；若未找到，则在 Text2 中显示"查无此人"，请将程序补充完整。

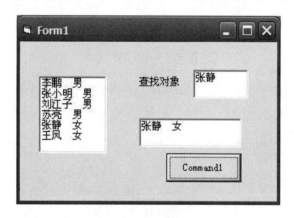

图 8-4　程序界面

```
Private Sub Command1_Click()
Dim k As Integer, n As Integer, found As Boolean
found=_____
n=Len(_____    )
k=0
Do While k< List1.ListCount And Not found
  If Text1=Left$(List1.List(k), n) Then
    Text2=_____
    found=_____
```

```
          _____
    End If
    k=k + 1
Loop
    If _____  Then
        Text2="查无此人"
    End If
End Sub
```

23. 程序用户界面如图 8-5 所示（可先用 Form_Load 添加几个单词到列表框）。请按要求完善程序。

（1）单击"添加单词"按钮，将 Text1 中的单词添加到列表框，并使 Text1 获得焦点，可直接输入另一个单词。

（2）单击"删除单词"按钮，删除列表框中被选中的列表项。

（3）单击"全部删除"按钮，删除列表框中的全部列表项。

（4）单击"退出"按钮，结束该程序。

图 8-5　程序用户界面

```
Private Sub Form_Load()
 List1.AddItem"happy"
 List1.AddItem"apple"
 List1.AddItem"student"
 List1.AddItem"computer"
End Sub
Private Sub Command1_Click()
 List1.AddItem Text1.Text
 _____
 Text1.SelStart=0
 Text1.SelLength=Len(Text1.Text)
End Sub
Private Sub Command2_Click()
 If List1.ListIndex< >-1 Then_____ List1.ListIndex
End Sub
```

```
Private Sub Command3_Click()

_____

End Sub
Private Sub Command4_Click()

_____

End Sub
```

24. 在窗体上创建一个名称为 Combo1 的组合框、两个名称分别为 Label1 和 Label2 及 Caption 属性分别为"城市名称"和空白的标签。程序运行后，在组合框中输入一个新项并按回车键（ASCII 码为 13）时，如果输入的项在组合框的列表中不存在，则自动添加到组合框的列表中，并在 Label2 中给出提示"已成功添加输入项"（如图 8-6 所示）；如果该项已存在，则在 Label2 中给出提示"输入项已在组合框中"。请将程序补充完整。

图 8-6　程序运行界面

```
Private Sub Combo1_____(KeyAscii As integer)
If KeyAscii=13 Then
For i=0 To _____
If Combo1.Text=_____Then
Label2.Caption="输入项已在组合框中"

_____

End if
Next i
Label2.Caption="已成功添加输入项"
Combo1._____Combo1.Text
End If
End Sub
```

25. 在窗体上创建一个标签（名称为 Label1）和一个定时器（名称为 Timer1），并编写如下几个事件过程：

```
Private Sub Form_Load()
 Timer1.Enabled=False
 Timer1.Interval=_____
```

```
End Sub
Private Sub Form_Click()
 Timer1.Enabled=_____
End Sub
Private Sub Timer1_Timer()
 Label1.Caption=_____
End Sub
```

程序运行后，单击窗体，将在标签中显示当前时间，每 0.5 秒更新一次，如图 8-7 所示。请将程序补充完整。

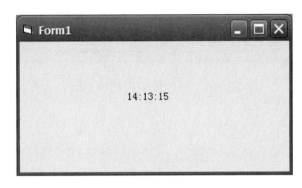

图 8-7　程序界面

三、编程题

1. 设计一个个人资料输入窗口，使用单选按钮选择"性别"，使用组合框列表选择"民族"和"职业"，使用复选框选择"爱好"，当单击"确定"按钮时，列表框中列出个人资料信息，程序运行界面如图 8-8 所示。

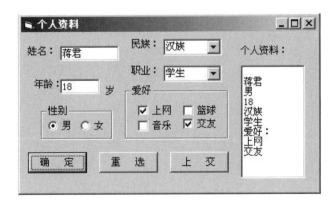

图 8-8　程序运行界面

2．设计一个调色板应用程序，使用三个滚动条作为三种基本颜色的输入工具，合成的颜色显示在右边的颜色区（一个标签框），用合成的颜色设置其背景色（BackColor 属性）。当完成调色后，用"设置前景颜色"和"设置背景颜色"按钮设置文本框的前景颜色和背景颜色。界面设计如图 8-9 所示。

图 8-9　调色板应用程序界面

第 **9** 章

数 组

9.1 知识要点

1. 掌握数组的基本知识。
   - ➢ 数组的三角概念。
   - ➢ 数组名。
   - ➢ 数组的维数。
   - ➢ 数组元素。
   - ➢ 数组的类型。
   - ➢ 数组的分类。

2. 掌握静态数组的使用方法。
   - ➢ 静态数组的声明。
   - ➢ 一维静态数组的应用。
   - ➢ 二维静态数组的应用。

3. 理解动态数组的概念。
   - ➢ 动态数组的声明。
   - ➢ 动态数组的应用。

4. 了解控件数组的概念。
   - ➢ 控件数组的概念。
   - ➢ 控件数组的建立。
   - ➢ 控件数组的应用。

5. 掌握常用算法的应用。

（1）数组元素的查找。

（2）求极值。

（3）分类统计。

（4）排序。

> 顺序比较法。

> 选择法排序。

> 冒泡法排序。

（5）二维数组——矩阵图形。

9.2 习　题

一、选择题

1. 用语句 Dim A (-3 To 5) As Integer 定义的数组的元素个数是＿＿＿。

  A．6　　　　　　B．7　　　　　　C．8　　　　　　D．9

2. 下列数组定义语句错误的是＿＿＿。

  A．k%=10　　　　　　　　　　　B．Const k%=10

   Dim Arr(k)　　　　　　　　　　　Dim Arr(k)

  C．Dim Arrl(10) As Integer　　　　D．Dim Arrl(1 To10)

   Dim Arr2(10)　　　　　　　　　　Dim Arr2(1 To 10，2 To 11)

3. 下列数组声明语句中正确的是＿＿＿。

  A．Dim a(3 4) As Integer　　　　B．Dim a(n,n) As Integer

  C．Dim a(3,4) As Integer　　　　D．Dim a[3,4] As Integer

4. 在声明语句 Dim b(2,3,2 To 4)中，数组 b 中全部元素的个数是＿＿＿。

  A．36　　　　　B．12　　　　　C．18　　　　　D．24

5. 使用语句 Dim x(-1 To 7,3) As Single，数组 x 中全部元素的个数是＿＿＿。

  A．24　　　　　B．31　　　　　C．36　　　　　D．27

6. 要定义一个包含 36 个元素的二维数组 a，下列方法中正确的是＿＿＿。

  A．Dim a(6,6)　　　　　　　　　B．Option Base l

            Dim a(6,6)

  C．Option 1　　　　　　　　　　D．Option Base 2

   Dim a(6,6)　　　　　　　　　　　Dim a(7,7)

7. 定义数组 a(1 To 5,5)后，下列数组元素中不存在的是＿＿＿＿＿＿＿。

    A．a(1,1)　　　B．a(1,5)　　　C．a(0,1)　　　D．a(5,5)

8. 要存放如下方阵的数据，在不浪费存储空间的基础上，能实现声明的语句是＿＿＿＿＿＿＿＿。

    1　2　3

    2　4　6

    3　6　9

    A．Dim A(9) As Integer

    B．Dim A(3,3) As Integer

    C．Dim A(-1 To 1,-3 To-1) As Single

    D．Dim A(-3 To -1,1To 3) As Integer

9. 下列语句中可以正确声明一个动态数组的是＿＿＿＿＿＿＿。

    A．Private a (n) As Integer　　　　B．Dim a ( ) As Integer

    C．Dim a(,) As Integer　　　　　D．Dim a (1 To n)

10. 下列关于数组的说明正确的是＿＿＿＿＿＿＿。

    A．在 Visual Basic 数组中，同一个数组只能存放同类型的数据

    B．在 Visual Basic 数组中，下标的下界只能从 0 开始或从 1 开始

    C．用 Option Base n 语句指定数组下标的默认下界，n 的取值为 0 或 1

    D．在定义数组时，维的上、下界只能为非负数

11. 设有数组定义语句 Dim a(5) As Integer，List1 为列表框控件。下列给数组元素赋值的语句中错误的是＿＿＿＿＿＿＿。

    A．a(3)=3　　　　　　　　　B．a(3)=InputBox("InputData")

    C．a(3)=List1.ListIndex　　　D．a=Array(1,2,3,4,5,6)

12. 在窗体上添加一个命令按钮和一个文本框，并编写如下事件过程：

```
Private Sub Command1_Click()
Dim arr(5) As Variant
For i=1 To 5
arr(i)=i
Next i
n=10
Text1.Text=n+arr(5)
End Sub
```

程序运行时，单击命令按钮，文本框中显示的内容是＿＿＿＿＿＿＿。

    A．105　　　　B．15　　　　C．25　　　　D．24

13. 以下程序的运行结果是＿＿＿＿＿＿＿。

```
Private Sub Command1_Click()
Dim a(1 To 4) As Integer
```

```
For i=1 To 4
a(i)=i+5
Print a(i);
Next i
End Sub
```

    A. 6 7 8 9   B. 12 14 16 18   C. 2 4 6 8   D. 1 2 3 4

14. 以下程序的运行结果是_____。

```
Private Sub Command1_Click()
Const n=4
Dim xx(n) As Integer
For i=1 To n
xx(i)=i*2
Print xx(i);
Next i
End Sub
```

    A. 1 3 5 7   B. 1 4 4 1   C. 2 4 6 8   D. 4 1 4 1

15. 在窗体上创建一个命令按钮 Command1，并编写如下代码：

```
Private Sub Command1_Click()
Dim a(4, 4)
For i=1 To 4
For j=1 To 4
a(i, j)=(i-1)*3+j
Next j
Next i
For i=3 To 4
For j=3 To 4
Print a(j, i);
Next j
Print
Next i
End Sub
```

程序运行后，单击命令按钮，其输出结果是_____。

    A. 6   9   B. 7   10

        7   10   8   11

    C. 8   11   D. 9   12

        9   12   10   13

16. 设有如下程序：

```
Private Sub Form_Click()
Dim a(10), p(3) As Integer
k=5
```

```
For i=1 To 10
a(i)=i
Next i
For i=1 To 3
p(i)=a(i*i)
Next i
For i=1 To 3
k=k+p(i)*2
Next i
Print k
End Sub
```

程序运行后，单击窗体，在窗体上显示的是_____。

    A. 33   B. 35   C. 37   D. 38

17. 在窗体上创建一个命令按钮（其 Name 属性为 Command1），并编写如下代码：

```
Option Base 1
Private Sub Command1_Click()
    Dim a
    s=0
    a=Array(1,2,3,4)
    j=1
    For i=4 To 1 Step-1
        s=s+a(i)*j
        j=j*10
    Next i
    Print s
End Sub
```

运行上面的程序，单击命令按钮，其输出结果是_____。

    A. 4321   B. 1234   C. 34   D. 12

18. 在窗体上创建一个名称为 Command1 的命令按钮，并编写如下程序：

```
Option Base 1
Private Sub Command1_Click()
Dim a As Variant
a=Array(1,2,3,4,5)
Sum=0
For i=1 To 5
Sum=sum+a(i)
Next i
x=Sum/5
For i=1 To 5
If a(i)>x Then Print a(i);
Next i
```

```
End Sub
```

程序运行后，单击命令按钮，窗体上显示的内容是_____。

    A．1 2   B．1 2 3   C．3 4 5   D．4 5

19．有如下程序：

```
Private Sub Form_Click ()
Dim arr1(10,10) As Integer
Dim i, j As Integer
For i=1 To 3
For j=2 To 4
arr1(i, j)=i+j
Next j
Next i
Text1.Text=arr1(2, 3)+arr1(3, 4)
End Sub
```

程序运行后，单击窗体，文本框中显示的值是_____。

    A．5   B．7   C．12   D．20

20．以下程序输出的结果是_____。

```
Option Base 1
Private Sub Command1_Click()
Dim a%(3,3)
For i=1 To 3
For j=1 To 3
a(i,j)=i*j
Print a(i,j);
Next j
Print
Next i
End Sub
```

    A．1 2 3   B．1 2 3   C．1 2 3   D．1 1 1
          2 3 1   1 2 3   2 4 6   2 2 2
          3 2 3   1 2 3   3 6 9   3 3 3

21．下列语句的运行结果是_____。

```
Dim a
i=0
a=Array(1,-2,9,0,-1,9)
DO
k=a(i)
For m=10 To k Step-2
n=k+m
Next m
```

```
Print n+m;
i=i+1
Loop While Abs(m+n)< >27
```

    A. 3 -8 27　　　　　　　　　B. 3 27 -8

    C. -8 27 3　　　　　　　　　D. -8 3 27

22. 在窗体中添加一个命令按钮 Command1 和一个文本框 Text1，并有以下程序：

```
Private Sub Command1_Click()
Static a As Variant
a=Array(20, 13, 45, -10, 50, 25)
……
End Sub
```

此程序的功能是求数组 a 的最大元素值，并把最大元素值放在文本框中。为实现程序的功能，省略号处的程序段应该是_____。

    A. Min=a(1)　　　　　　　　　B. Min=a(0)

       For i=2 To 6　　　　　　　　　For i=1 To 5

       If Min< a(i) Then　　　　　　　If Min< a(i) Then

       Min=a(i)　　　　　　　　　 Min=a(i)

       End If　　　　　　　　　 End If

       Next i　　　　　　　　　 Next i

       Text1.Text=Min　　　　　　　Text1.Text=Min

    C. Min=a(0)　　　　　　　　　D. Min=a(0)

       For i=1 To 5　　　　　　　　　For i=1 To 5

       If Min> a(i) Then　　　　　　　If Min< a(i) Then

       Min=a(i)　　　　　　　　　 Min=a(i)

       End If　　　　　　　　　 Next i

       Next i　　　　　　　　　 Text1.Text=Min

       Text1.Text=Min

23. 下列有关控件数组的说法错误的是_____。

    A. 控件数组由一组具有共同名称和相同类型的控件组成

    B. 控件数组中的每一个控件共享同样的事件过程

    C. 控件数组中的每个元素的下标由控件的 Index 属性指定

    D. 同一个控件数组中的元素只能有相同的属性设置值

24. 在窗体上创建 3 个单选按钮，组成一个名为 ChkOption 的控件数组，用于标识数组下标的参数是_____。

    A. Tag　　　　　B. Index　　　　　C. ListIndex　　　　　D. Name

25. 下列叙述中正确的是_____。

    A. 控件数组的每一个成员的 Caption 属性值都必须相同

    B. 控件数组的每一个成员的 Index 属性值都必须相同

    C. 控件数组的每一个成员都执行同样的事件过程

    D. 对于已经建立的多个类型相同的控件，这些控件不能组成控件数组

二、填空题

1. 数组元素也称_____，它们均使用相同的名字，通过_____相互区分。

2. 包含多个下标的数组称为_____数组，二维数组的元素构成一个_____。

3. 根据数组中元素的个数是否可以变化，数组分为_____数组和_____数组。

4. Option Base n 语句定义数组下标的下界，n 只能取_____或_____。

5. 如果一个数组没有指定下标的下界，则默认的下界值为_____。

6. 在定义动态数组时，应先定义一个不指定_____及_____的空数组，然后通过_____语句建立实际数组。

7. 在使用 ReDim 语句重新定义数组时，为保留原先的数据，应使用_____关键字。

8. 对于数值型数组，各元素的默认值为_____，字符串数组元素的默认值为_____。

9. 控件数组的名称由_____属性指定，控件数组的下标由控件的_____属性指定。

10. 通过 Array 函数对数组进行初始化，数组的类型必须为_____类型。

11. 用语句 Dim A (-3 to 3) As Integer 定义的数组元素的个数是_____。

12. 控件数组用下标索引值（Index）来标识各个控件，第一个下标索引值为_____。

13. 设在窗体上有一个文本框 Text1 和一个标签数组 Label1，共有 10 个标签，以下程序代码要实现在单击任意一个标签时，能将标签的内容添加到文本框现有内容之后。请将程序补充完整。

```
Private Sub Label1_Click(Index As Integer)
   Text1.Text=_____
End Sub
```

14. 下列程序的功能是生成 20 个[0,1000]的随机整数，并放入一个数组，之后输出 20 个整数中小于 500 的整数和。请将程序补充完整。

```
Option Base 1
Private Sub Command1_Click()
 Dim a(20) As Integer
 Dim Sum As Integer
 Randomize
 For i=1 To 20
  a(i)=_____
 Next i
```

```
Sum=0
For i=1To 20
 If a(i)<500 Then
  Sum=_____
 End If
Next i
 Print Sum
End Sub
```

15. 下面程序的功能是分别计算给定的 10 个数中正数之和与负数之和，并输出这两个和数的绝对值之商。请在画线处填入适当内容，将程序补充完整。

```
Option Base 1
Private Sub Command1_Click()
 Dim A
 A=Array(23,-5, 17 ,38, -31, 46, 11, 8, 5,-4)
 S1=0
 S2=0
 For i=1 To 10
  If(A(i)＞0)Then
   S1= _____
  Else
   S2= _____
  End If
 Next i
 x=S1/Abs(S2)
 Print x
End Sub
```

16. 补充程序并满足以下要求：单击命令按钮 1，生成 10 个[0,300]的随机整数并显示在列表框 1 中；单击命令按钮 2，在列表框 2 中显示上述随机整数中的所有奇数。程序界面如图 9-1 所示。

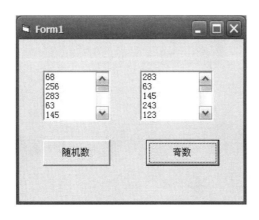

图 9-1　程序界面

```
Dim a(10) As Integer
Private Sub Command1_Click()
 Randomize
 For i=1 To 10
  a(i)=_____
  List1._____
 Next i
End Sub
Private Sub Command2_Click()
 For i=1 To 10
  If_____Then
   List2.AddItem a(i)
  End If
 Next i
End Sub
```

17. 程序运行后，单击窗体，在"输入"对话框中分别输入 3 个整数，程序将输出 3 个数中的中间数，程序界面如图 9-2 所示。请将程序补充完整。

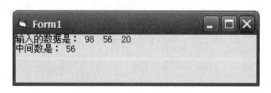

图 9-2　程序界面

```
Option Base 1
Private Sub Form_Click()
Dim a(3) As Integer
Print"输入的数据是:";
 For i=1 To 3
  a(i)=_____
  Print a(i);
 Next
 Print
 If a(1)<a(2) Then
  t=a(1)
  a(1)=a(2)
  a(2)=_____
 End If
 If a(2)>a(3) Then
  m=a(2)
 ElseIf a(1)>a(3) Then
  m=_____
```

```
  Else
    m=_____
  End If
  Print"中间数是:";m
End Sub
```

18. 利用随机函数生成 10 个[0,100]的随机整数，并按从小到大的顺序输出。请将程序补充完整。

```
Private Sub Command1_Click()
Randomize()
Dim xx(10) As Integer
For i=1 To 10
  xx(i)=Int(Rnd*101)
Next
For i=1 To _____
  For j=1 To _____
    If xx(j)> xx(j+1) Then
      T=xx(j):xx(j)=xx(j+1):xx(j+1)=T
    End If
  Next j,i
For i=1 To 10
  Print xx(i);
Next j
End Sub
```

19. 利用随机函数生成 10 个[10,99]的随机整数，将其中的偶数按由大到小的顺序输出。请将程序补充完整。

```
Private Sub Command1_Click()
_____
For j=1 To 10
  Randomize
  m(j)=_____
Next j
For i=_____
  For j=_____
    If m(i)< m(j) Then _____
  Next j,i
For i=1 To 10
  If _____ Then
    Print m(i);
  End If
Next i
```

20. 用随机数生成 50 个[10,100]不重复的正整数并放入数组，按从小到大的顺序排列，每行输出 10 个数。请将程序补充完整。

```
Private Sub Command1_Click()
Dim a(1 To 50) As Integer, i%, j%, t%, p%, n%, x%
n=0
Randomize
 Do While n< 50
  x=_____
  For i=1 To n
   If _____Then Exit For
  Next i
  If i> n Then
   _____
   a(n)=x
  End If
 Loop
 For i=1 To 49
 _____
  For j=i+1 To 50
   If a(p)> a(j) Then _____
  Next j
 t=a(p): a(p)=a(i): a(i)=t
 Next i
 For i=1 To 50
  Print a(i);
  If _____Then Print
  Next i
End Sub
```

21. 编写程序，生成 60 个[0,100]的随机整数，并统计各数值段有多少个数。请将程序补充完整。

```
Dim _____
Dim i As Integer, j As Integer
Randomize
For i=1 To _____
 x=_____
 _____
Next i
For j=0 To _____
 Print"范围" &(j*10) &"到" & (j*10+9) &"的数有" & a(j) &"个。"
Next j
```

22. 下面的程序用"冒泡"法将数组a中的10个整数按升序排列。请将程序补充完整。

```
Option Base 1
Private Sub Command1_Click()
 Dim a
 A=Array(678,45,324,528,439,387,87,875,273,823)
 For i=_____
  For j=_____
   If a(i)____a(i+1) Then
    t=a(i)
    a(i)=a(i+1)
    a(i+1)=t
   End If
  Next j
 Next i
 For i=1To10
  Print a(i);
 Next i
End Sub
```

23. 下面的程序用随机函数模拟掷骰子，统计掷50次骰子出现各点的次数。请将程序补充完整。

```
Private Sub Form_Click()
 Dim d(6)
 For i=1 To 50
  n=_____
  _____
 Next i
 For i=1 To 6
  Print i"点出现"d(i)"次"
 Next i
End Sub
```

24. 随机生成10个[30,100]的整数，求最大值、最小值和平均值。请将程序补充完整。

```
Private Sub Command1_Click()
 Dim a(1 To 10)
  Randomize
  For i=1 To 10
  a(i)=Int(Rnd*71) + 30
   Print a(i);
  Next i
 Max=a(1)
 Min=a(1)
 Avg=_____
```

```
For i=2 To 10
 If a(i)> Max Then Max=a(i)
 If a(i)< Min Then Min=a(i)
Avg=Avg + a(i)
 Next i
Avg=_____
Print "max="; Max
Print "min="; Min
Print "avg="; Avg
 End Sub
```

25. 下面的程序实现的功能是输出斐波那契数列的前 20 项，每行输出 5 项。请将程序补充完整。

```
Private Sub Form_Click()
Dim F(20) As Integer, I As Integer
F(1)=1: F(2)=_____
For I=3 To 20

_____
Next I
For I=1 To 20
 Print F(I);

_____
 Next I
End Sub
```

26. 下面的程序运行后，生成一个主对角线上元素值为 1、其他元素值为 0 的 6×6 阶矩阵。请将程序补充完整。

```
Private Sub Command1_Click()
 Dim s(6,6)
 For i=1 To 6
 For j=1 To 6
  If_____ Then
   S(i,j)=1
  Else
  S(i,j)=0
  End If
  Prints(i,j)
 Next j

_____
 Nexti
 End Sub
```

27. 下列程序的功能是矩阵转置，即将矩阵的行、列互换。请将程序补充完整。

$$\begin{bmatrix} 1 & 2 & 3 \\ 4 & 5 & 6 \\ 7 & 8 & 9 \end{bmatrix} \rightarrow \begin{bmatrix} 1 & 4 & 7 \\ 2 & 5 & 8 \\ 3 & 6 & 9 \end{bmatrix}$$

```
Private Sub Form_Click()
 Dim a(3,3) As Integer,b(3,3) As Integer
 For i=1 To 3
  For j=1 To 3
   a(i,j)=Val(InputBox("输入 a 数组:"))
 Next j,i
 For i=1 To 3
  For j=1 To 3
   b(j,i)=_____
  Next j
 Next i
 Print"输出 a 数组:"
 For i=1 To 3
  For j=1 To 3
   Print a(i,j);
  Next j
  Print
 Next i
 Print"输出 b 数组:"
 For i=1 To 3
  For j=1 To 3
   Print _____
  Next j
  Print
 Next i
End Sub
```

28. 下列程序的功能是求一个 3×3 阶矩阵的三行中元素之和最大的那一行。请将程序补充完整。

```
Option Base 1
Private Sub Command1_Click()
 Dim ww%(3, 3), tt%(3)
 For i=1 To 3
  For j=1 To 3
   ww(i, j)=InputBox("请输入数据")
   Print ww(i,j);
  Next j
  Print
```

```
Next i
For k=1 To 3
  For j=1 To 3
    tt(k)=_____
    Next j
Next k
msum=_____
lmax=_____
For i=2 To 3
  If tt(i)> msum Then
    msum=tt(i)
    lmax=i
  End If
Next i
Print"最大的一行是："; lmax
Print"该行的和是："; msum
End Sub
```

29. 在窗体上先创建一个名称为 Text1 的文本框，然后创建 3 个单选按钮，并用这 3 个单选按钮建立一个控件数组，名称为 Option1。程序运行后，如果选择某个单选按钮，则文本框中的字体将根据所选择的单选按钮对应的字体切换，如图 9-3 所示。请将程序补充完整。

图 9-3　程序界面

```
Private Sub _____Click(Index As Integer)
  Select Case _____
    Case 0
      a="宋体"
    Case 1
      a=_____
    Case 2
      a="楷体__GB2312"
  End Select
  Text1._____=a
End Sub
```

30. 在窗体上创建一个名称为 Command1、标题为"计算"的命令按钮；创建两个文本框，名称分别为 Text1 和 Text2；创建 4 个标签，名称分别为 Label1、Label2、Label3 和 Label4，标题分别为"操作数 1""操作数 2""计算结果"和空白；创建一个含有 4 个单选按钮的控件数组，名称为 Option1，标题分别为"+""-""*""/"。程序运行后，在 Text1、Text2 中输入两个数值，选中一个单选按钮后单击"计算"命令按钮，相应的计算结果显示在 Label4 中，程序运行界面如图 9-4 所示。请将程序补充完整。

```
Private Sub Command1_Click()
For i=0 To 3
If _____=True Then
opt=Option1(i).Caption
End If
Next
Select Case _____
Case"+"
Result=Val(Text1.Text)+Val(Text2.Text)
Case"-"
Result=_____
Case"*"
Result=Val(Text1.Text)*Val(Text2. Text)
Case"/"
Result=Val(Text1.Text)/Val(Text2.Text)
End Select
_____=Result
End Sub
```

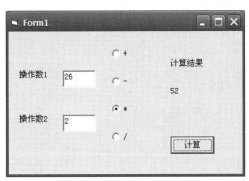

图 9-4 程序运行界面

三、判断题

1. 数组是用一个统一的名字、不同下标表示的，是顺序排列的一组变量。　　　（　　）

2. Dim aa(5) As Integer 与 Dim aa[5] As Integer 都可以定义数组 aa。　　　（　　）

3. 数组元素的下标可以是常数、变量或表达式。　　　（　　）

4．在 Visual Basic 中，有两种形式的数组：静态数组和动态数组。　　　（　　）

5．在 Visual Basic 中，只允许使用一维数组和二维数组。　　　　　　（　　）

6．静态数组中的数组元素个数一旦定义好，在程序运行过程中将不再发生变化，而动态数组的元素个数是可变的。　　　　　　　　　　　　　　　　　　（　　）

7．在 Visual Basic 中，Option Base 语句的参数只能是 0 或 1。　　　（　　）

8．在使用 Dim 语句声明数组时，下标必须是常量，不能是变量；引用数组元素时，下标可以是常数、变量或表达式。　　　　　　　　　　　　　　　　　　（　　）

9．Dim aa(5) As Integer 不仅能定义数组，为数组分配存储空间，还能将数组元素置为 0。
　　　　　　　　　　　　　　　　　　　　　　　　　　　　　　　　（　　）

10．在引用数组元素时，元素的下标值应在数组说明时所指定的范围内。（　　）

11．在同一过程中，数组和简单变量不能同名。　　　　　　　　　　　（　　）

12．在 Visual Basic 中，动态数组可以在需要时改变大小。　　　　　　（　　）

13．动态数组在定义时已被分配存储空间。　　　　　　　　　　　　　（　　）

14．某数组声明为布尔型数组，其初始值为 True。　　　　　　　　　　（　　）

15．当窗体中需要使用相同类型的控件时，使用控件数组可以简化程序，节约资源。
　　　　　　　　　　　　　　　　　　　　　　　　　　　　　　　　（　　）

16．判断下面数组说明语句的正误。

（1）Dim a(8) As Integer　　　　　　　　　　　　　　　　　　　　（　　）

（2）Dim b(n) As Double　　　　　　　　　　　　　　　　　　　　（　　）

（3）Dim c(8,3) As String　　　　　　　　　　　　　　　　　　　（　　）

（4）Dim d(-10 To -1) As Boolean　　　　　　　　　　　　　　　　（　　）

（5）Dim e(-99 To -5,-3 To 0)　　　　　　　　　　　　　　　　　（　　）

（6）Dim f(-10 To -20,10 To 20) As Long　　　　　　　　　　　　（　　）

（7）Dim g(10 To -10) As Long　　　　　　　　　　　　　　　　　（　　）

（8）Dim h(100 To 100,100) As String　　　　　　　　　　　　　　（　　）

（9）Dim x(5) As Integer　　　　　　　　　　　　　　　　　　　（　　）

　　　ReDim x(10) As Integer

（10）Dim y()　　　　　　　　　　　　　　　　　　　　　　　　　（　　）

　　　ReDim y

四、编程题

1．用数组结构编写程序，输入 10 个整数，统计奇数之和及偶数之和。

2．用随机函数生成 30 个[10,99]的随机整数，将它们存入一维数组，查找数组元素的最大值、最小值，计算数组元素的平均值。

3．用随机函数生成 100 个[1,5]的整数，统计一共生成了多少个 1、多少个 2、多少个 3……以此类推，输出统计结果。

4．一个班有 50 名学生，语文考试成绩为 0～100 分，请按 0～9 分、10～19 分、20～29 分……90～99 分、100 分，分为 11 档，统计各档分数的人数。

5．从键盘输入 10 个整数，统计其中有多少个负数、多少个零、多少个正数。

6．将 10 个数 12，23，45，9，48，75，55，30，59，21 存入数组，输出其中最大的数及其所在位置。

7. 向数组中的指定位置插入新元素，即将新添加的元素放到数组的指定位置。

8. 将 10 个数存入数组，分别使用选择法和冒泡法编程，按从小到大的顺序输出。

9. 编写程序，打印如图 9-5 所示的杨辉三角形（杨辉三角形为一个下三角矩阵，每一行第一个元素和主对角线上的元素都为 1，其余每个数正好等于它上面一行的同一列与前一列数之和）。

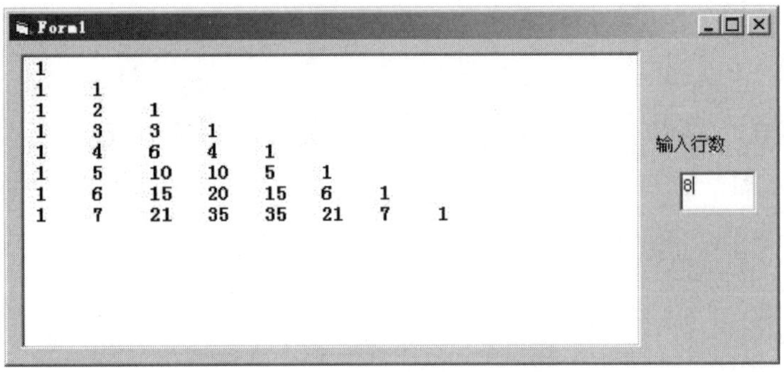

图 9-5　杨辉三角形程序界面

10．编程创建并输出一个 5×5 的矩阵，该矩阵两条对角线元素为 1，其余元素均为 0。

11．设有一个二维数组 A(5,5)，试编写程序计算：

（1）所有元素之和；

（2）两条对角线元素之和。

过 程

10.1　知识要点

1. 掌握事件过程的使用方法。
   - ➤ 事件过程的运行机制。
   - ➤ 事件过程的语法格式。
   - ➤ 事件过程使用时的注意事项。
2. 掌握子过程的概念和使用方法。
   - ➤ 子过程的概念和使用方法。
   - ➤ 子过程的建立方法。
   - ➤ 子过程的调用。
   - ➤ 子过程的应用。
3. 掌握函数过程的概念和使用方法。
   - ➤ 函数过程的概念。
   - ➤ 函数过程的建立方法。
   - ➤ 函数过程的调用。
   - ➤ 函数过程的应用。
4. 掌握参数传递的概念和使用方法。
   - ➤ 形式参数和形参表。
   - ➤ 实际参数和实参表。
   - ➤ 形参与实参的对应关系。
   - ➤ 参数传递的两种方式（传值与传址）。

5．常用算法举例。

  ➢ 掌握利用子过程输出图形。

  ➢ 掌握常用公式定义为函数的过程。

6．了解过程的嵌套调用及变量的不同作用域。

10.2 习　题

一、选择题

1．下列关于事件过程的描述错误的是_____。

  A．事件过程由 Visual Basic 自行声明，用户不能增加或删除

  B．事件过程不以独立文件的形式出现，而以窗体或控件的形式出现

  C．事件过程的参数可以根据需要进行修改

  D．事件过程的名称不能修改，因为 Visual Basic 已经做了定义

2．若一个按钮的 Name 属性为 Cmd1，则其单击事件过程的名称应为_____。

  A．Command1_Click　　　　　B．Cmd1_Click

  C．Cmd1_DblClick　　　　　　D．Cmd1_MouseDown

3．一个窗体的 Name 属性是 Form1，当其载入时发生的事件过程名称应为_____。

  A．Form1_Load　　　　　　　B．Form_Load

  C．Form1_UnLoad　　　　　　D．Form_Initialize

4．下面是一个窗体的单击事件过程：

```
Private Sub Form_Click()
If Command1.Enabled Then
Label1.Caption="命令按钮可以使用!"
Else
Label1.Caption="命令按钮不可以使用!"
End If
End Sub
```

该窗体事件的功能是_____。

  A．判断命令按钮是否可见，以便在标签上显示不同的信息

  B．判断命令按钮是否可用，以便在标签上显示不同的信息

  C．判断命令按钮是否设置了默认按钮，以便在标签上显示不同的信息

  D．If 语句中的条件不合法，不能执行

5. 下面 Change 事件过程中，文本框 Text1 用来接收输入，该事件过程的作用是_____。

```
Private Sub Text1_Change()
Text2.Text=Str(2*3.1416*Val(Text1.Text))
End Sub
```

   A．把在文本框 Text1 中输入的数字变为数值

   B．把在文本框 Text1 中输入的数字作为半径，求圆的面积并转换为字符串

   C．只要 Text1 中的内容改变，Text2 中显示的圆周长就随之改变

   D．事件过程中存在错误，事件过程不能执行

6. 下列关于 Sub 过程的叙述中错误的是_____。

   A．Sub 过程可以被多次调用

   B．Sub 过程属于通用过程

   C．Sub 过程中可以嵌套定义 Sub 过程

   D．Sub 过程的过程名由用户确定

7. 关于过程，以下描述正确的是_____。

   A．过程的定义可以嵌套，但过程的调用不能嵌套

   B．过程的定义不可以嵌套，但过程的调用可以嵌套

   C．过程的定义和过程的调用均可以嵌套

   D．过程的定义和过程的调用均不可以嵌套

8. 通用过程可以通过执行"工具"菜单中的"_____"命令来建立。

   A．添加过程   B．通用过程   C．添加窗体   D．添加模块

9. Sub 过程与 Function 过程最根本的区别是_____。

   A．Sub 过程可以使用 Call 语句或直接使用过程名调用，而 Function 过程不可以

   B．Function 过程可以有参数，Sub 过程不可以有参数

   C．两种过程参数的传递方式不同

   D．Sub 过程没有返回值，而 Function 过程有返回值

10. 在过程定义中，Private 表示_____。

   A．此过程可以被其他过程调用

   B．此过程不可以被任何其他过程调用

   C．此过程只能被本工程中的其他过程调用

   D．此过程只能被本模块中的其他过程调用

11. 下列程序运行后，输出的结果是_____。

```
Private Sub Command1_Click()
Sum=0
For k=3 To 5
Call Multi(k,s)
```

```
sum=sum+s
Next k
Print sum
End Sub
Private Sub Multi(k,s)
s=1
For j=1 To k
s=s*j
Next j
End Sub
```

    A. 9   B. 120   C. 150   D. 30

12. 下列关于函数过程的叙述正确的是_____。

    A. 函数过程形参的类型与函数返回值的类型没有关系

    B. 在函数过程中，过程的返回值可以有多个

    C. 当数组作为函数过程的参数时，既能以传值方式传递，也能以传址方式传递

    D. 如果不指明函数过程参数的类型，则该参数没有数据类型

13. 下列程序的运行结果是_____。

```
Private Sub Command1_Click()
y=10
Print fnt(1+fnt(fnt(fnt(y)))*10)
End Sub
Private Function fnt(x)
fnt=1 / x
End Function
```

    A. .5   B. 2   C. .909090   D. 1.001

14. 假定有以下函数过程：

```
Function func(a As Integer, b As Integer) As Integer
func=a+b
End Function
```

在窗体上添加一个命令按钮，并编写如下事件过程：

```
Private Sub Command1_Click()
p=func(10,20)
Print p;
End Sub
```

程序运行时，单击命令按钮得到的结果是_____。

    A. 10   B. 20   C. 30   D. 40

15. 设有如下通用过程：

```
Public Function f(x As Integer)
Dim y As Integer
```

```
y=2
f=x*y
End Function
```

在窗体上创建一个名称为 Command1 的命令按钮，并编写如下事件过程：

```
Private Sub Command1_Click()
Dim x As Integer
x=10
y=f(x)
Print x; y
End Sub
```

程序运行后，如果单击命令按钮，则在窗体上显示的内容是_____。

  A. 10   20 B. 20   5   C. 20   40 D. 10   40

16. 当单击命令按钮时，下列程序的运行结果为_____。

```
Private Sub Command1_Click()
Dim a As Integer,b As Integer,c As Integer
a=2: b=3: c=4
Print P2(c,b,a)
End Sub
Private Function P1(x As Integer,y As Integer,z As Integer)
P1=2*x+y+3*z
End Function
Private Function P2(x As Integer,y As Integer,z As Integer)
P2=P1(z,x,y)+x
End Function
```

  A. 21   B. 19   C. 17   D. 34

17. 假定有以下函数过程：

```
Function Fun(S As String) As String
Dim s1 As String
For i=1 To Len(S)
s1=UCase(Mid(S, i, 1))+s1
Next i
Fun=s1
End Function
```

在窗体上添加一个命令按钮，并编写如下事件过程：

```
Private Sub Command1_Click()
Dim str1 As String, str2 As String
str1=InputBox("请输入一个字符串")
str2=Fun(str1)
Print str2
End Sub
```

程序运行后，单击命令按钮，在"输入"对话框中输入字符串"abc"，则输出结果为_____。

  A．abc   B．cba   C．ABC   D．CBA

18．要想调用子过程后通过参数返回两个结果，下列子过程语句合法的是_____。

  A．Sub f2(ByVal n%,ByVal m%)

  B．Sub f1(n%,ByVal m%)

  C．Sub f1(n%,m%)

  D．Sub f1(ByVal n%,m%)

19．在过程定义中，用_____表示形参的传值。

  A．Var   B．ByRef   C．ByVal   D．Value

20．设有如下 Sub 过程：以下所有参数的虚实结合都是传址方式的调用语句是_____。

```
Sub ff(x,y,x)
    x=y+z
End Sub
```

  A．Call ff(5,6,a)   B．Call ff(x,y,z)

  C．Call ff(3+x,5+y,z)   D．Call ff(x+y,x-y,z)

21．下列程序的运行结果是_____。

```
Private Sub Form_Click()
Dim x As Integer
x=3
Call abcd(x)
Print x
End Sub
Public Sub abcd(n As Integer)
n=n+5
End Sub
```

  A．3   B．5   C．8   D．10

22．设有如下 Sub 过程：

```
Sub S (x As Single,y As Single)
t=x
x=t/y
y=t Mod y
End Sub
```

在窗体上创建一个命令按钮，并编写如下事件过程：

```
Private Sub Command1_Click()
Dim a As Single
Dim b As Single
a=5
b=4
```

```
S(a,b)
Print a,b
End Sub
```

程序运行后，单击命令按钮，输出结果为_____。

A. 5   4   B. 1   1

C. 1.25   4   D. 1.25   1

23．下列程序的输出结果为_____。

```
Private Sub Command1_Click()
For i=1 To 3
T=GetValue (i)
Next i
Print GetValue(i)
End Sub
Private Function GetValue(ByVal a As Integer)
Dim s As Integer
s=s+a
GetValue=s
End Function
```

A. 4   B. 5   C. 10   D. 11

24．在窗体上创建一个名称为Command1的命令按钮和一个名称为Text1的文本框，之后编写如下程序：

```
Private Sub Command1_Click()
Dim x,y,z As Integer
x=5:y=7:z=0
Text1.text=""
Call P1(x,y,z)
Text1.Text=Str(z)
End Sub
Sub P1(ByVal a As Integer,ByVal b As Integer,c As Integer)
c=a+b
End Sub
```

程序运行后，单击命令按钮，则在文本框中显示的内容是_____。

A. 0   B. 12   C. Str(z)   D. 没有显示

25．下列程序运行后，输出的结果是_____。

```
Private Sub Command1_Click()
a=1: b=1
Print"a="; a;",b="; b;
Call Multi(a,b)
Print",a="; a;",b="; b
End Sub
```

```
Private Sub multi(x, y)
x=2*y
y=3*y
Print",x="; x;",y="; y;
End Sub
```

    A．a=1,b=1 x=2,y=3 a=1,b=1   B．a=1,b=1 x=2,y=3 a=2,b=3

    C．a=1,b=1 x=2,y=3 a=1,b=3   D．a=1,b=1 x=2,y=3 a=2,b=1

26．设有以下两个 Sub 过程：

```
Sub S1(ByVal x As Integer,ByVal y As Integer)
Dim t As Integer
t=x:x=y:y=t
End Sub
Sub S2(x As Integer,y As Integer)
Dim t As Integer
t=x:x=y:y=t
End Sub
```

下列说法正确的是_____。

    A．用过程 S1 可以实现交换两个变量的值的操作，S2 不能实现

    B．用过程 S2 可以实现交换两个变量的值的操作，S1 不能实现

    C．用过程 S1 和 S2 都可以实现交换两个变量的值的操作

    D．用过程 S1 和 S2 都不能实现交换两个变量的值的操作

27．在窗体上添加一个命令按钮 Command1 和两个名称分别为 Label1 和 Label2 的标签，在通用声明段声明变量 x，并编写如下事件过程和 Sub 过程：

```
Private Sub Command1_Click()
x=5: y=3
Call proc(x, y)
Label1.Caption=x
Label2.Caption=y
End Sub
Sub proc(ByVal a As Integer, ByVal b As Integer)
x=a*a
y=b+b
End Sub
```

程序运行后，单击命令按钮，两个标签中显示的内容分别是_____。

    A．5 和 3   B．25 和 3   C．25 和 6   D．5 和 6

28．下列程序的运行结果是_____。

```
Private Sub Form_Click()
a=1: b=2
Print"A="; a;"B="; b
```

```
Call Multi (a, b)
Print"A="; a;"B="; b
End Sub
Sub Multi (x, y)
x=5+x
y=2+y
End Sub
```

  A．A=1 B=2   B．A=1 B=2

    A=1 B=2   A=6 B=4

  C．A=1 B=2   D．A=1 B=2

    A=1 B=4   A=6 B=2

29．单击命令按钮时，下列程序的运行结果为_____。

```
Private Sub Command1_Click()
Dim x As Integer, y As Integer
x=50: y=78
Call PPP(x, y)
Print x; y
End Sub
Public Sub PPP(ByVal n As Integer, ByVal m As Integer)
n=n \ 10
m=m\ 10
End Sub
```

  A．0 8   B．50 78   C．4 50   D．7850

30．下列程序的运行结果是_____。

```
Dim x As Integer, y As Integer , z As Integer
 Sub s2(a AS Integer,ByVal b As Integer)
 a=2*a
 b=b+2
 End Sub
 Private Sub Command1_Click()
  x=4
  y=4
 Call s2(x,y)
  Print x+y
 End Sub
```

  A．0   B．8   C．12   D．14

31．下列程序的运行结果是_____。

```
Function fun(a AS Integer,)
 b=0
 Static c
```

```
  b=b+1
  c=c+1
  fun=a+b+c
End Function
Private Sub Command1_Click()
 Dim a As Integer
 a=2
 For i=1 To 3
  sum=sum+fun(a)
 Next
 Print sum
End Sub
```

  A. 24   B. 12   C. 15   D. 32

32. 有以下程序：

```
Private Sub Form_Click()
 title=Val(InputBox("请输入一个数"))
 fee=Countl(title)
 Print fee
End Sub
Function Countl(title)
 If title<40 then
  Pay=title/ 2
 Else
  Pay=2* title
 End If
 Countl=pay
End Function
```

程序运行时，从键盘输入 20，其输出结果是_____。

  A. 10   B. 20   C. 30   D. 显示出错信息

33. 有下列程序代码：

```
Sub P1(ByVal a As Integer, ByVal b As Integer)
 a=a+b
End Sub
Sub P2(a As Integer, b As Integer)
 a=a+b
End Sub
Private Sub Command1_Click()
 Dim x%, y%
 x=1
 y=2
 P1 x, y
```

```
Print x,y,
P2 x,y
Print x
End Sub
```

程序运行后，单击命令按钮，输出结果是_____。

A. 1   2   3

B. 3   2   3

C. 3   2   5

D. 3   2   1

34. 在窗体上创建一个命令按钮（其 Name 属性为 Command1），并编写如下事件过程：

```
Private Sub Command1_Click()
Static x As Integer
Static y As Integer
Dim z As Integer
x=x+1
y=1
y=y+1
z=z+1
Print x,y,z
End Sub
```

程序运行后，第二次单击命令按钮，输出结果是_____。

A. 1   2   1   B. 2   2   2

C. 2   2   1   D. 2   3   1

35. 下列程序的运行结果是_____。

```
Private Sub Form_Click()
Dim m As Integer
Print fac(4)
End Sub
Private Function fac(n) As Long
If n=1 Then
fac=1
Else
fac=n*fac(n-1)
End If
End Function
```

A. 20   B. 24

C. 18   D. 16

二、填空题

1. 在 Visual Basic 中，用户自定义的过程称为_____过程，根据过程是否返回值又分为_____过程和_____过程。

2. 当运行程序时，系统自动执行启动窗体的_____事件过程。

3. 在定义过程时，过程名后面括号中的参数称为_____，简称_____；在调用过程时，过程名后面的参数称为_____，简称_____。

4. 在过程调用中，参数的传递可分为_____传递和_____传递两种方式，其中按_____传递方式是默认的。

5. 当实参为常量、表达式时，参数传递的方式按_____传递；当实参为变量时，默认按_____传递参数。

6. 在过程定义中用_____关键字，可以实现形参按值进行传递。

7. 在一个过程中调用另一个过程称为_____调用，过程直接或间接地调用自身，称为_____调用。

8. 下列程序的运行结果是_____。

```
Function abc(n As Integer) As Integer
abc=n*5+10
End Function
Private Sub Form_Click()
Dim x As Integer
x=abc(2)+100*abc(1)
Print x
End Sub
```

9. 下列程序的运行结果是_____。

```
Private Sub Form_Click()
Dim x As Integer
x=4
Print x;
Call test(x)
Print x
End Sub
Public Sub test(i As Integer)
i=i+1
End Sub
```

10. 下列程序的运行结果是_____。

```
Public Sub abcd(n As Integer)
n=n+5
End Sub
```

```
Private Sub Form_Click()
Dim x As Integer
x=3
Call abcd(x)
Print x
End Sub
```

11. 下列程序的运行结果是_____。

```
Public Sub F1(n%, ByVal m%)
n=n Mod 10
m=m \ 10
End Sub
 Private Sub Command1_Click()
Dim x%, y%
x=12: y=34
Call F1(x, y)
Print x; y
End Sub
```

12. 下列程序的运行结果是_____。

```
Private Sub Command1_Click()
Dim a As Integer, b As Integer, c As Integer
Call s(10, 5, a)
Call s(7, a, b)
Call s(a, b, c)
Print"a="; a,"b="; b,"c="; c
End Sub
Private Sub s(x As Integer, y As Integer, z As Integer)
 z=y-x
End Sub
```

13. 在窗体上创建一个命令按钮，并编写如下程序：

```
Function fun(ByVal num As Long) As Long
 Dim k As Long
 k=1
 num=Abs(num)
 Do While num>0
    k=k*(num Mod 10)
    num=num \ 10
 Loop
 fun=k
End Function
Private Sub Command1_Click()
 Dim n As Long
```

```
      Dim r As Long
      n=Val（InputBox("请输入一个数")）
      r=fun(n)
      Print r
    End Sub
```

程序运行后，单击命令按钮，在"输入"对话框中输入"1234"，其输出结果为_____。

14. 下列程序的运行结果是_____。

```
    Sub inc(a As Integer)
    Static x As Integer
        x=x+a
    Print x;
    End Sub
    Private Sub Command1_Click()
    Inc 2
    Inc 3
    Inc 4
    End Sub
```

15. 下列程序的运行结果是_____。

```
    Sub p1(ByVal a As Integer,ByVal b As Integer,c As Integer)
     c=a+b
    End Sub
    Private Sub Command1_Click()
     Dim x As Integer, y As Integer, z As Integer
     x=10
     y=20
     z=22
     Call p1(x,y,z)
     Print z
    End Sub
```

16. 编写一个函数，能够计算 $1×2×\cdots×n$ 的值，函数名为 fact()。请将程序补充完整。

```
    Private Function fact(n As Integer) As Integer
     Dim i As Integer
     Dim r As Integer
     _____
     For i=1 To n
      r=r*i
     Next i
     _____
    End Function
```

17. 函数 odd 用于判断一个数是否为奇数。当单击命令按钮时，生成[1,9]的随机数，调用 odd 过程，判断该数是否为奇数。如果是，则显示"奇数"，否则显示"偶数"。请将程序补充完整。

```
Private Sub odd(n As Integer)
 Print n;
 If_____Then
  Print "奇数"
 Else
  Print "偶数"
 End If
End Sub
Private Sub Command1_Click()
 Dim x As Integer
  Randomize
  x=Int(Rnd*9+1)
  _____
End Sub
```

18. 阅读下面的程序，子过程 Swap 的功能是实现两个数的交换。请将程序补充完整。

```
Public Sub Swap(x As Integer, y As Integer)
Dim t As Integer
 t=x:x=y:y=t
End Sub
Private Sub Command1_Click()
Dima As Integer, b As Integer
a=10:b=20
_____
Print"a=";a,"b=";b
End Sub
```

19. 编写一个判断素数的通用过程（函数或子程序）。调用该过程，计算并输出区间[3,200]所有素数的和（提示：只能被 1 和自身整除的自然数为素数）。请将程序补充完整。

```
Private sub Form_Click()
 Dim i As Integer,f As Boolean
 For i=3 To 200
 Call Prime(i,f)
 If _____Then
 Print i;
 End If
 Next i
End Sub
Private Sub Prime(m As Integer, f As _____ )
 f=True
 For i=2 To Sqr(m)
  If m Mod i=0 Then
```

```
            Exit For
        End If
    Next i
End Sub
```

20. 下列程序的功能是通过调用过程 swap，调换数组中数值的存放位置，即 a(1)的值与 a(10)的值互换，a(2)的值与 a(9)的值互换……a(5)的值与 a(6)的值互换。请将程序补充完整。

```
Option Base 1
Private Sub Command1_Click()
Dim a(10) As Integer
For i=1 To 10
a(i)=i
Next
 Call swap (_____)
For i=1 To 10
Print a(i);
Next
End Sub
Sub swap (b() As Integer)
n=_____
For i=1 To _____
t=b(i)
b(i)=b(n)
b(n)=t
_____
Next
End Sub
```

21. 已知按升序排好的 10 个数存放在数组 A 中，最后一个数据 0 是结束标志，由键盘输入一个数，插到适当的位置，使该数组仍有序，并打印出数组中的数据。请将程序补充完整。

```
Option Base 1
Private Sub Form_Click()
a=Array(8,13,36 ,59,73,99,123,231,342,456,0)
n=Val(InputBox(""))
_____
End Sub
Sub p18(a(),n)
For J=11 To 2 step -1
If _____ Then Exit For
a(J)=a(J-1)
Next J
_____
```

```
For i=1 To 11
Print a(i);
Next
End Sub
```

22．利用自定义的函数过程，求 2!+4!+6!。请将程序补充完整。

```
Public Function fact (_____)As Long
 Dim f As Long, i As Integer
 f=1
 For i=1 To n
  f=f*i
 Next i

 _____
End Function
Private Sub Form_Click()
 Dim s As Long, i As Integer
 For i=2 To 6 Step 2

  _____

 Next i
 Print s
End Sub
```

三、判断题

1．Sub 过程不能通过其过程名返回值。   （   ）

2．一般情况下，在参数传递过程中，实参的个数与形参的个数必须相等，相应的数据类型可以不相符。   （   ）

3．在用 Call 带参数调用 Sub 过程中，必须把参数放在括号里。   （   ）

4．在 Sub 过程中可以嵌套定义 Function。   （   ）

5．在调用过程时，参数的传递有按址和按值两种传递方式。   （   ）

6．事件过程是由用户或系统事件触发的，因此在程序中不能调用事件过程。   （   ）

7．对象的方法和事件过程都可以在 Visual Basic 环境中查看和编辑程序代码。
                                                                （   ）

8．在事件驱动的编程机制中，事件过程的执行顺序取决于程序流程。   （   ）

9．判断子过程声明语句是否正确：Sub f1(n%) As Integer。   （   ）

10．判断函数过程声明语句是否正确：Function f1%(f1%)。   （   ）

四、编程题

1．编写程序，打印[3,100]的所有素数（提示：利用 Function 函数判断是否为素数）。

2．编写两个过程，分别计算两个整数的最大公约数和最小公倍数，并通过调用函数来计算 46 和 252 的最大公约数和最小公倍数。

3．编写一个计算阶乘的函数，并利用该函数计算 4!+6!+8!。

4．通过键盘输入 10 个整数，输出其中的最大数和平均值，并将这 10 个数按从小到大的顺序输出到窗体。要求分别编写子过程 Maxnum、Avenum 和 Ordernum 来求最大数、平均值和排序，并在窗体的单击事件中调用这些函数。程序运行界面自定。

5．编制子过程，通过调用子过程：

（1）生成 30 个[1,100]的随机数；

（2）统计并输出其中奇数和偶数的个数。

6．编制函数，判断一个数是否能同时被 17 与 37 整除，输出并统计[1000,2000]中所有能同时被 17 与 37 整除的数。

第11章

文 件

11.1 知识要点

1. 理解文件的基本概念。
   - ➤ 文件的分类。
   - ➤ 文件的操作步骤。
2. 掌握顺序文件的操作方法。
   - ➤ 顺序文件的打开、关闭。
   - ➤ 顺序文件的读取。
   - ➤ 顺序文件的写入。
3. 掌握随机文件的操作方法。
   - ➤ 随机文件的打开、关闭。
   - ➤ 随机文件的读取。
   - ➤ 随机文件的写入。

11.2 习 题

一、选择题

1. 按文件的访问方式，文件分为_____。

A．顺序文件、随机文件和二进制文件

　　B．ASCII 文件和二进制文件

　　C．程序文件、随机文件和数据文件

　　D．磁盘文件和打印文件

2．下列选项中不是 Visual Basic 中的数据文件类型的是_____。

　　A．顺序文件　　　　　　　B．数据库文件

　　C．随机文件　　　　　　　D．二进制文件

3．顺序文件是指_____。

　　A．文件中按每条记录的记录号从小到大排序好的

　　B．文件中按每条记录的长度从小到大排序好的

　　C．文件中按记录的某关键数据项从小到大排序好的

　　D．记录按进入的先后顺序存放的，读出是按写入的先后顺序读出的

4．文件号最大可取的值为_____。

　　A．255　　　　B．511　　　　C．512　　　　D．256

5．用 Close 语句来关闭已用完且不再使用的文件，当该语句不使用任何参数时，其功能是_____。

　　A．只能关闭一个已打开的文件

　　B．关闭所有已打开的文件

　　C．有语法错误

　　D．只能关闭两个已打开的文件

6．下面几个关键字均表示文件打开方式，只能进行读、不能进行写的是_____。

　　A．Input　　　B．Output　　　C．Random　　　D．Append

7．读随机文件中的记录信息，应使用下面的_____语句。

　　A．Read 120　　B．Get　　　C．Input#　　　D．Line Input#

8．在窗体上有一个文本框，代码窗口中有如下代码，这些程序代码所实现的功能的说法中正确的是_____。

```
Private Sub Form_Load()
  Open"C:\data.txt" For Output As #3
  Text1.Text=""
End Sub
Private Sub Text1_Keypress(KeyAscii As Integer)
 If KeyAscii=13 Then
  If UCase(Text1.Text)="END" Then
  Close #3
  End
  Else
```

```
    Write #3, Text1.Text
    Text1.Text=""
  End If
  End If
  End Sub
```

A．在 C 盘当前目录下新建一个文件

B．打开文件并输入文件的记录

C．打开顺序文件并从文本框中读取文件的记录，若输入 End，则结束读操作

D．在文本框中输入内容后按回车键存入，之后文本框内容被清除

9．Print #1, STR$中的 Print 是＿＿＿＿＿。

A．文件的写语句   B．在窗体上显示的方法

C．子程序名   D．文件的读语句

10．函数＿＿＿＿＿的功能是返回文件分配的字节数，即文件的长度。

A．LOF   B．LOC   C．EOF   D．LEN

11．下列关于文件的叙述错误的是＿＿＿＿＿。

A．当使用 Append 方式打开文件时，文件指针被定位于文件尾

B．当以输入（Input）方式打开文件时，如果文件不存在，则新建一个文件

C．顺序文件各记录的长度可以不同

D．打开随机文件后，既可以进行读操作，又可以进行写操作

12．要从磁盘上读入一个文件名为"c:\t1.txt"的顺序文件，下列＿＿＿＿＿是正确的语句。

A．F="c:\t1.txt"

    Open F For Input As #2

B．F="c:\t1.txt"

    Open"F" For Input As #2

C．Open c:\t1.txt For Input As #2

D．Open"c:\t1.txt" For Output As #2

13．要从磁盘上新建一个文件名为"c:\t1.txt"的顺序文件，下列＿＿＿＿＿是正确的语句。

A．F="c:\t1.txt"

    Open F For Input As #2

B．F="c:\t1.txt"

    Open"F" For Output As #2

C．Open c:\t1.txt For Output As #2

D．Open"c:\t1.txt" For Output As #2

14．如果在 C 盘当前文件夹下已存在名为 StuData.dat 的顺序文件，那么执行语句 Open"C:StuData.dat"For Append As #1 之后，将_____。

　　A．删除文件中原有的内容

　　B．保留文件中原有的内容，可在文件尾添加新内容

　　C．保留文件中原有的内容，在文件头添加新内容

　　D．以上均不对

15．要在 C 盘根目录下新建一个名为 1.Dat 的顺序文件，应使用_____语句。

　　A．Open"1.dat" For Output As #2

　　B．Open"c:\1.dat" For Output As #2

　　C．Open"c:\1.dat" For Input As #2

　　D．Open"1.dat" For Input As #2

16．执行语句 Open"c:\1.dat" For Input As #3 后，系统_____。

　　A．将 C 盘根目录下名为 1.dat 的文件内容读入内存

　　B．在 C 盘根目录下新建名为 1.dat 的顺序文件

　　C．将内存中的数据存放在 C 盘根目录下名为 1.dat 的文件中

　　D．将某个磁盘文件的内容写入 C 盘根目录下名为 1.dat 的文件中

17．下列程序实现的功能是_____。

```
Option Explicit
Sub appeS_file1()
  Dim A As String, X As Single
  A="Appends a new number:"
  X=-85
  Open"d:\S_file1.dat" For Append As  #1
  Print #1, A; X
  Close
End Sub
```

　　A．新建文件并输入字段　　　B．打开文件并输出数据

　　C．打开顺序文件并追加记录　　D．打开随机文件并写入记录

18．在窗体上创建一个名称为 Command1 的命令按钮和一个名称为 Text1 的文本框，在文本框中输入字符串：Microsoft Visual Basic Programming。之后编写如下事件过程：

```
Private Sub Command1_Click()
 Open"d:\temp\outf.txt" For Output As #1
 For i=1 To Len(Text1.Text)
  c=Mid(Text1.Text, i, 1)
  If c>="A" And c<="Z" Then
   Print #1, LCase(c)
  End If
```

```
Next i
Close
End Sub
```

程序运行后，单击命令按钮，文件 outf.txt 中的内容是_____。

  A．MVBP   B．mvbp

  C．M   D．m

    V   v

    B   b

    P   p

19．若磁盘文件 c:\data1.dat 不存在，则下列打开文件的语句出现错误的是_____。

  A．Open"c:\data1.dat" For Output As #1

  B．Open"c:\data1.dat" For Input As #2

  C．Open"c:\data1.dat" For Append As #3

  D．Open"c:\data1.dat" For Binary As #4

20．在 D 盘当前文件夹下新建一个名为 Student.txt 的顺序文件，要求用 InputBox()函数输入 10 个学生的姓名（StuName）、性别（StuSex）和生日（StuAge）。下列程序中横线处应补充的语句为_____。

```
Private Sub Command1_Click()
 Open"D:\Student.txt" For Output As #1
 For i=1 To 10
  StuName=InputBox("请输入学生姓名")
  StuSeX=InputBox("请输入学生性别")
  StuAge=InputBox("请输入学生出生年月日")
  _____
 Next i
 Close #1
End Sub
```

  A．While Not EOF(1)

  B．Write #1, "StuName, StuSex, StuAge"

  C．Write #1, StuName, StuSex, StuAge

  D．Input #1,"StuName, StuSex, StuAge"

二、填空题

1．打开文件使用的语句为_____。

2．顺序文件通过_____和_____语句将缓冲区中的数据写入磁盘。

3．随机文件的读写操作语句为_____和_____。

4. 测试当前打开的文件是否在尾部，需要用函数_____。

5. 将下面的程序补充完整，程序将数据 1,2,3,…,10 这 10 个数字写入顺序文件 f1 中（f1 在 D 盘上），同时将这 10 个数读出来，并显示在窗体上。

```
Dim i As Integer
Dim a(1 To 10) As Integer
Open _____ As #1
For i=1 To 10
   _____
Next i
   _____
Open"D:\f1" For Input As #2
For i=1 To 10
   _____
 a(i)=x
   _____
Next i
Close #2
```

Visual Basic 图形设计

12.1　知识要点

1. 掌握图形控件的使用方法。
   - ➢ Shape 控件的使用方法。
   - ➢ Line 控件的使用方法。
2. 掌握绘图常用的 3 种方法。
   - ➢ 绘制点的方法（PSet）。
   - ➢ 绘制直线矩形的方法（Line）。
   - ➢ 绘制圆的方法（Circle）。

12.2　习　　题

一、选择题

1. 坐标度量单位可通过＿＿＿＿＿＿来改变。
   - A．DrawStyle 属性
   - B．DrawWidth 属性
   - C．Scale 方法
   - D．ScaleMode 属性

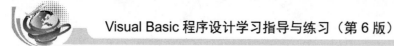

2. 当使用方法绘制直线后，当前坐标在_____。

    A．(0,0)   B．直线起点

    C．直线终点   D．容器的中心

3. 指令 Circle(1000,1000),55,8,-6,-3 将绘制_____。

    A．圆   B．椭圆   C．圆弧   D．扇形

4. 执行指令 Line(1200,1200)-Step(1000,500),B 后，CurrentX=_____。

    A．2200   B．1200   C．1000   D．200

5. 对象的边框类型由_____属性设置。

    A．Drawstyle   B．DrawWidth

    C．Borderstyle   D．ScaleMode

6. 下列_____途径在程序运行时不能将图片添加到窗体、图片框或图像框的 Picture 属性。

    A．使用 LoadPicture 方法   B．对象间图片的复制

    C．通过剪贴板复制图片   D．使用拖放操作

7. 在设计时添加到图片框或图像框的图片数据保存在_____内。

    A．窗体的 FRM 文件   B．窗体的 FRX 文件

    C．图片的原始文件   D．编译后创建的 EXE 文件

8. 窗体和各种控件都具有图形属性，下列_____属性可用于显示处理。

    A．DrawStyle,DrawMode

    B．AutoRedraw,ClipControls

    C．FillStyle,FillColor

    D．ForeColor,BorderColor

9. 当使用 Line 方法时，参数 B 与 F 可组合使用，下列组合中_____不允许使用。

    A．BF   B．F

    C．B   D．B 和 F

10. CLS 可清除窗体或图形框中_____内容。

    A．Picture 属性设置的背景图案

    B．在设计时放置的控件

    C．程序运行时生成的图形和文字

    D．以上三个选项

11. 不能作为容器使用的对象是_____。

    A．Picture   B．Form   C．Image   D．Frame

12. 运行下列程序后，窗体 Form1 右下角的坐标是_____。

```
Form1.ScaleTop=1
```

```
Form1.ScaleLeft=1
Form1.ScaleHeight=-2
Form1.ScaleWidth=2
```

  A．(1,1)   B．(1,2)

  C．(−2,2)   D．(3,−1)

  13．可以通过设置 Line 控件的_____属性来绘制虚线、点线、点画线等各种样式的图形。

  A．Line   B．Style

  C．Fillstyle   D．BorderStyle

  14．若用水平直线来填充由 Shape 控件或由 Circle、Line 方法生成的图形的内部，则需设置 FillStyle 的值为_____。

  A．0   B．1   C．2   D．3

  15．语句 Circle(1000,1000),500 的功能是绘制_____。

  A．圆弧 B．圆   C．椭圆   D．扇形

二、填空题

  1．在 Visual Basic 中，绘制图形的方式有两种，分别是_____和_____。

  2．在 Visual Basic 中，运行时常用的绘图方法有_____、_____和_____。

  3．当 PictureBox 控件的 Autosize 属性为 True 时，_____能自动调整大小。

  4．当使用 Line 方法绘制矩形时，必须在指令中使用关键字_____。

  5．Circle 方法正向采用_____时针方向。

  6．图像框和图片框在使用时有所不同，在这两个控件中，能作为容器容纳其他控件的是_____控件。

  7．窗体的默认坐标原点在_____，X、Y 轴的方向分别是_____。

  8．Visual Basic 的坐标系统是可以自定义的，使用对象的_____属性和_____方法，就可设置对象的坐标系统。

  9．改变容器对象的 ScaleMode 属性值，窗口的大小_____改变，它在屏幕上的位置_____改变。

  10．容器的实际可用高度和宽度由_____和_____属性确定。

  11．要在图片框控件 Pic 的中央绘制一个半径为 1000Twips 的红色圆形，绘制圆形的语句为_____。

  12．DrawStyle 属性用于设置所画线的形状，此属性受到_____属性的限制。

  13．若要把窗体移到屏幕中间，使用的语句为_____。

  14．可以通过设置 Shape 控件的_____属性来绘制各种几何图形。

15. _____方法可以清除窗体或图形框中在程序运行时生成的图形和文字。

16. _____方法用于单个像素的控制，可以用来设置指定坐标点处像素的色彩。若要"擦除"坐标为(100,100)的点的颜色，应使用的语句为_____。

17. 在程序中的语句 Line (100,100)-step(50,100)执行之后，CurrentX 和 CurrentY 的值分别为_____和_____。

18. 在窗体、图片框或打印机上绘制经裁剪后的图形文件，需使用_____方法。

19. 使用 Circle 方法绘制扇形，起始角、终止角的取值范围为_____。

20. 在窗体上创建一个文本框和一个图片框，并编写如下两个事件过程：

```
Private Sub Form_Click()
  Text1.Text="Visual Basic 程序设计"
End Sub
Private Sub Text1_Change()
  Picture1.Print"Visual Basic Programming"
End Sub
```

程序运行后，单击窗体，在文本框中显示的内容是_____，而在图片框中显示的内容是_____。

三、编写程序

1. 编写程序，创建一个图片框，在其上输出 6 种不同样式的直线，如图 12-1 所示。

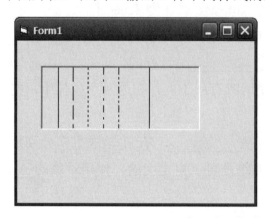

图 12-1　在图片框中输出直线程序界面

2．编写程序，用各种图案填充矩形，并输出图形，如图 12-2 所示。

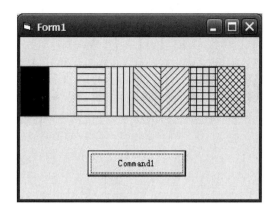

图 12-2　用图案填充矩形程序界面

3．编写程序，输出图形，如图 12-3 所示。

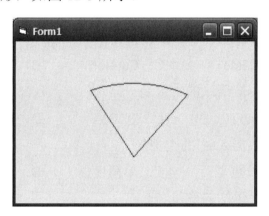

图 12-3　图形程序界面

模 拟 试 题 一

一、单项选择题

1. Visual Basic 语言最突出的特点是_____。
   A．结构化的程序设计语言　　B．事件驱动的编程机制
   C．充分利用 Windows 资源　　D．数据库功能与网络支持

2. 窗体设计器的主要功能是_____。
   A．编辑程序　　　　　　　　B．调试程序
   C．设计用户界面　　　　　　D．输出信息

3. Visual Basic 应用程序在存盘时，至少应保存_____个程序文件。
   A．1　　　　　B．2　　　　　C．3　　　　　D．4

4. 显示在标签上的内容是由其_____属性决定的。
   A．Text　　　B．Name　　　C．Caption　　D．Enabled

5. 下列不符合 Visual Basic 语法的常量是_____。
   A．abc　　　B．"abc"　　　C．"123"　　　D．123

6. 在 Visual Basic 中，数据 5.69!的类型是_____。
   A．整型　　　B．长整型　　　C．单精度型　　D．双精度型

7. 下列符合 Visual Basic 语法的变量名是_____。
   A．a_bc　　　B．5a_b　　　C．a–b　　　D．_ab

8. 设 a=1、b=3、c=5、d=7，表达式 5>2*b or b=d And c<>d And d>a 的值是_____。
   A．True　　　B．False　　　C．1　　　　D．–1

9. 设名称为 F1 的窗体上有一个名称为 C1 的命令按钮，下列选项描述正确的是_____。
   A．窗体的 Click 事件过程的过程名是 F1_Click
   B．窗体的 Click 事件过程的过程名是 Form1_Click
   C．窗体的 Click 事件过程的过程名是 Form_Click
   D．命令按钮的 Click 事件过程的过程名是 Command1_Click

10. 下列声明一个整型变量和两个单精度型变量的语句中正确的是_____。

false
false

A．Dim a As Integer,b,c As Single

B．Dim a%,b,c!

C．Dim a,b As Integer,c As Single

D．Dim a%,b!,a As Single

11．下列选项中正确的赋值语句是_____。

A．x=x+1　　　　　　　　　B．x+1=x

C．x+1=x+1　　　　　　　　D．x=5x

12．设 s="abcdefg"，下列选项中函数值为"abc"的选项是_____。

A．Mid(s,3)　　　　　　　　B．Mid(s,3,1)

C．Right(s,3)　　　　　　　 D．Left(s,3)

13．运行下列程序后的输出结果是_____。

```
x=1:y=2
x=x+y:y=x+y
Print y Mod x;y\x
```

A．1　1　　　B．2　1　　　C．2　2　　　D．2　1.67

14．运行下列程序后，变量 y 的值是_____。

```
x=30
If x>=10 Then y=1
If x>=20 Then y=2
If x>=30 Then y=3
If x>=40 Then y=4
```

A．1　　　　B．2　　　　C．3　　　　D．4

15．运行下列程序后，变量 t 的值是_____。

```
x=4:y=3:z=5
t=2
If x<y Then
    t=4
Else If y<z Then
    t=6
Else
    t=8
End If
```

A．2　　　B．4　　　C．6　　　D．8

16．运行下列程序后，变量 y 的值是_____。

```
Select Case Int(3.68)
    Case 2
    y="a"
    Case 3
```

```
      y="b"
    Case 4
      y="c"
    Case Else
      y="d"
  End Select
```

    A. a   B. b   C. c   D. d

17. 运行下列程序后，输出结果是_____。

```
For x=1 To 3
  If x<=1 Then y=3
  If x<=2 Then y=2
  If x<=3 Then y=1
  Print y;
Next x
Print x
```

    A. 3 3 3 3   B. 3 2 1 4

    C. 1 2 3 4   D. 1 1 1 4

18. 运行下列程序后，输出结果是_____。

```
n=0:s=0
Do While True
  n=n+2
  s=s+n
  If s>10 Then Exit Do
Loop
Print n;s
```

    A. 6 12   B. 12 6   C. 4 8   D. 8 14

19. 运行下列程序后，输出结果是_____。

```
x=0
Do
  x=x+1
  If x<=1 Then y=3
  If x<=2 Then y=2
  If x<=3 Then y=1
  Print y;
Loop Until x>=3
```

    A. 1 1 1   B. 1 2 3

    C. 3 2 1   D. 3 3 3

20. 运行下列程序后，若依次输入1、3、5，则输出结果是_____。

```
Dim a(3) As Integer,b(3) As Integer
For k=0 To 2
```

```
A(k+1)=Val(InputBox("请输入数据:"))
b(3-k)=a(k)
Next k
Print b(3)+a(3)
```
　　A．8　　　　　B．7　　　　　C．6　　　　　D．5

二、填空题

1．Visual Basic 中的对象主要包括窗体和_____。

2．在 Visual Basic 中，对象本身所包含的一些特殊函数和过程称为_____，它可以实现对象的一些特殊功能和动作。

3．Visual Basic 有设计、运行和中断 3 种工作模式。启动 Visual Basic 6.0 后，当前的工作模式为_____模式；运行程序后转为_____模式；当程序编辑或运行出现错误时，通常会进入_____模式。

4．表达式 7+23\6 Mod 2 –10/2 的值是_____。

5．若 s="12345"，则表达式 Val(Mid(s,3,2))的值为_____。

6．设有如下循环语句：
```
For i=2 To 3
 Print"****"
Next i
```
该循环语句共循环了_____次，循环完成后，循环变量 i 的值为_____。

7．设有数组声明语句 Dim x(5) As Integer，该数组共有_____个数组元素。

三、程序填空题

1．在窗体 Form1 上创建一个文本框 Text1 和一个标签 Label1。运行下面的程序后，单击窗体，窗体的标题栏中显示"Visual Basic 程序设计"，文本框中显示"这是文本框"，标签中显示"这是标签"。请完善程序。
```
Private Sub Form_Click()
 Form1.[1] _____="Visual Basic 程序设计"
 Text1.[2] _____="这是文本框"
 Label1.[3] _____="这是标签"
End Sub
```
2．在窗体上创建一个计时器 Timer1。程序运行后，单击窗体，将在窗体上每隔 2 秒显示"大家好"。请完善程序。
```
Private Sub Form_Load()
 Timer1.Enabled=False
 Timer1.Interval=[4] _____
End Sub
```

```
Private Sub Form_Click()
 Timer1.Enabled=[5] _____
End Sub


Private Sub Timer1_Timer()
 [6] _____"大家好"
End Sub
```

3. 下面程序的功能是找出 4 个数中的最大值。4 个数分别输入到文本框 Text1、Text2、Text3 和 Text4 中，最大值在文本框 Text5 中显示。请完善程序。

```
a=Val(Text1.Text)
b=Val(Text2.Text)
c=Val(Text3.Text)
d=Val(Text4.Text)
If a> b Then m=a Else m=[7] _____
If c> d Then n=[8] _____Else n=d
If [9] _____Then max=m Else max=n          'max 存放最大值
Text5.Text=[10]_____
```

4. 已知变量 str 的值为一个字符，下面程序的功能是判断该字符是数字、小写字母、大写字母还是其他字符，并输出判断结果。请完善程序。

```
Select Case str
 Case[11] _____
  Print"这是数字"
 Case[12] _____
  Print"这是小写字母"
 Case"A"To"Z"
  Print"这是大写字母"
 Case[13] _____
  Print"这是其他字符"
End Select
```

5. 下面程序的功能是求 $1^2+3^2+5^2+7^2+9^2$。请完善程序。

```
sum=[14] _____
For i=1 To 9[15] _____
 sum=sum +[16] _____
Next i
Print sum
```

6. 下面程序的功能是将输入的若干个数相乘，当输入-1 时停止。请完善程序。

```
pro=[17] _____
Do While True
 x=Val(InputBox("请输入数据-1 表示停止)")
 If[18] _____Then Exit Do
```

```
    pro=pro *[19] _____
Loop
Print pro
```

7. 下面程序的功能是用随机函数生成 n 个两位整数（范围为[10,99]），用"选择排序法"按从小到大的顺列排序并输出。请完善程序。

```
Dim a() As Integer, i%, j%, t%
n=Val(InputBox("请输入 n 的值"))
ReDim a(n) As Integer
For i=1 To n
    a(i)=Int(Rnd*91+[20] _____)
Print a(i);
Next i
Print
For i=1 To[21] _____
    For j=[22] _____To n
        If a(i)[23] _____a(j) Then
            t=a(i)
            a(i)=a(j)
            a(j)=t
        End If
    Next j
Next i
For j=1 To n
    Print a(j);
Next j
```

8. 下面程序的功能是利用自定义的函数过程，找出并输出[1,100]中所有既能被 3 整除，又能被 5 整除的数及个数。请完善程序。

```
Public Function myfun(x As Integer) As Boolean
    myfun=False
    If x Mod 3=0 And x Mod 5=0 Then myfun=[24] _____
End Function
Private Sub Form_Click()
    Dim i As Integer, n As Integer
    For i=1 To 100
        If myfun(i) Then
            n=[25] _____
            Print i
        End If
    Next i
    Print"n=";n
End Sub
```

模 拟 试 题 二

一、单项选择题

1. 启动 Visual Basic 6.0 以后，出现在菜单栏下面的工具栏是"_____"工具栏。
   A. 窗体编辑器　　　　　　　　B. 编辑
   C. 标准　　　　　　　　　　　D. 调试

2. 如果在 Visual Basic 6.0 的集成开发环境中关闭了"属性"窗口、"工程资源管理器"窗口、"工具箱"窗口等，可以选择"_____"菜单下的相关命令重新打开。
   A. 工程　　　B. 视图　　　C. 窗口　　　D. 工具

3. 启动 Visual Basic 6.0 后，没有显示在集成开发环境中的窗口是_____。
   A. "代码"窗口　　　　　　　　B. "属性"窗口
   C. "窗体布局"窗口　　　　　　D. "工程资源管理器"窗口

4. 下列不属于对象三要素的是_____。
   A. 函数　　　B. 属性　　　C. 事件　　　D. 方法

5. 要使文本框获得焦点，应使用_____方法。
   A. KeyPress　　　　　　　　　B. LostFocus
   C. GotFocus　　　　　　　　　D. SetFocus

6. 下列选项中不符合 Visual Basic 语法的字符串型常量是_____。
   A. "01/05/2014"　　　　　　　B. "True"
   C. ""　　　　　　　　　　　　D. xyz

7. 下列选项中不符合 Visual Basic 语法的变量名是_____。
   A. max　　　B. min_1　　　C. 6xyz　　　D. NO2000

8. 表达式 8*8\15/3 Mod 5 的值是_____。
   A. 3　　　B. 2　　　C. 1　　　D. 0

9. 在设计模式下，双击窗体的空白灰色区域，在打开"代码"窗口的同时，会自动生成一个事件过程的框架，该事件过程的名称是_____。
   A. Form1_Load　　　　　　　　B. Form1_Click

C. Form_Load   D. Form_Click

10. 下列选项不能正确声明两个单精度型变量和 1 个整型变量的语句是_____。

    A. Dim x As Single,y!,z As Integer

    B. Dim x!,y!,z%

    C. Dim x,y As Single,z As Integer

    D. Dim x!,y!,z As Integer

11. 运行下列程序后，依次在弹出的对话框中输入 10、20，输出结果是_____。

```
x=InputBox("请输入第 1 个数")
y=InputBox("请输入第 2 个数")
Print x+y
```

    A. 30   B. 1020   C. 10   D. 20

12. 设 s="abcdefghij"，能够输出字符串"fgij"的语句是_____。

    A. Print Mid(s,2,6)+Right(s,2)

    B. Print Mid(s,6,2)+Left(s,2)

    C. Print Mid(s,6)+Right(s,2)

    D. Print Mid(s,6,2)+Right(s,2)

13. 运行下面的程序后，在弹出的对话框中输入 15，输出结果是_____。

```
x%=10
y=InputBox("请输入一个数值")
Print x+y
```

    A. 25   B. 1015   C. 15   D. 出错

14. 运行下列程序后，输出结果是_____。

```
x=20
If x<=10 Then Print"a";
If x<=20 Then Print"b";
If x<=30 Then Print"c";Else Print"d"
```

    A. abc   B. b   C. bc   D. bd

15. 运行下列程序后，输出结果是_____。

```
x=10
If x\2=5 Then y=x+3
If x Mod 6=5 Then y=x+2
If x\2=5 Then y=x+1
Print y
```

    A. 10   B. 11   C. 12   D. 13

16. 运行下列程序后，在弹出的对话框中输入"83"，输出结果是_____。

```
score=InputBox("请输入一个成绩")
Select Case score
```

```
        Case Is>=60
            Print"及格"
        Case Is>=70
            Print"中等"
        Case Is>=80
            Print"优良"
        Case Else
            Print"不及格"
    End Select
```

    A．及格   B．中等   C．优良   D．不及格

17．运行下列程序后，输出结果是_____。

```
Dim x As Integer
x=15
If x<10 Then
    Print"1";
Else If x>=5 And x<=15 Then
    Print"2";
Else If x=15 Then
    Print"3";
End If
```

    A．3   B．23   C．1   D．2

18．下列循环语句的循环次数不为5的是_____。

    A．For i=1 To 10 Step 2   B．For i=1 To 10

        Print"*"   If i Mod 5<>0 Then Print"*" Else Exit For

        Next i   Next i

    C．i=1   D．i=1

        Do While i<=5   Do

        Print"*"   Print"*"

        i=i+1   i=i+1

        Loop   Loop Until i>=6

19．运行下列程序后，输出结果是_____。

```
Dim s1 As Integer, s2 As Single
    s1=0
    s2=0
    For i=1 To 10
      s1=s1+i Mod 2
      s2=s2+i\2
    Next i
    Print s1;s2
```

A. 5 25   B. 5 27.5   C. 25 27.5   D. 30 27.5

20. 运行下列程序后，输出结果是_____。

```
Dim a(3,3) As Integer, i%,j%
For i=1 To 3
    For j=1 To 3
        If i+j=4 Or i=j Then a(i,j)=1 Else a(i,j)=2
        Print a(i,j);
    Next j
    Print
Next i
```

A. 1 2 2   B. 2 2 1   C. 2 1 2   D. 1 2 1

    2 1 2   2 1 2   1 2 1   2 1 2

    2 2 1   1 2 2   2 1 2   1 2 1

二、填空题

1. Visual Basic 程序运行后，在装载窗体时，自动触发的事件是_____。

2. Visual Basic 工程文件的扩展名为_____。

3. 假定窗体上有一个标签控件 Label1，为了在运行时该标签上显示文本"欢迎使用 Visual Basic"，所使用的语句为_____。

4. 要在窗体或图片框上显示表达式的值，应调用的方法是_____。

5. 空字符串是指长度为_____的字符串。

6. 表达式 39/4 Mod 3.4 的值是_____。

7. 表达式 2>5 Or Not"ment"< Right("development",4) And 12<5 的值是_____。

8. 当单选按钮被选定时，其 Value 属性值是_____。

9. 如果把计时器控件的 Interval 属性设置为 3000，则每隔_____秒就会触发一次 Timer 事件。

10. 在声明数组时，如果没有指定各维的下界，则默认的下界值是_____。

三、程序填空题

1. 在窗体上添加 1 个文本框 Text1 和两个命令按钮 Command1、Command2。运行下面的程序后，单击命令按钮 Command1 后，在文本框中显示"Welcome"；单击命令按钮 Command2 后，清除文本框中显示的文本，并在命令按钮 Command2 上显示"清除"。请完善下列程序。

```
Private Sub Command1_Click()
    Text1.[1]_____="Welcome"
End Sub
Private Sub Command2 Click()
```

```
        [2]_____
        [3]_____="清除"
End Sub
```

2．在窗体上添加 3 个图片框 Picture1、Picture2 和 Picture3，假设图片框 Picture1 和 Picture2 中已经装载了图片，Picture3 为空图片框，运行下列程序后可交换图片框 Picture1 和 Picture2 中的图片。请完善下列程序。

```
Private Sub Form_Load()
Picture3.Picture=[4]_____
Picture1.Picture=[5]_____
[6]_____
End Sub
```

3．在窗体上添加两个列表框 List1、List2 和 1 个命令按钮 Command1，列表框 List1 中已经有若干个列表项。运行下列程序后，单击命令按钮，可把在列表框 List1 中选定的列表项添加到列表框 List2 中。请完善下列程序。

```
Private Sub Command1_Click()
    For i=0 To List1.ListCount-1
        If [7]_____=True Then
        List2.[8]_____ List1.List(i)
        End If
    Next i
End Sub
```

4．下列程序的功能是将输入的 3 个数按由小到大的顺序输出。请完善下列程序。

```
Dim a%,b%,c%,t%
a=Val(InputBox("请输入第 1 个数"))
b=Val(InputBox("请输入第 2 个数"))
c=Val(InputBox("请输入第 3 个数"))
If [9]_____ Then t=a:a=b:b=t
If [10]_____ Then t=c:c=b:b=t
If [11]_____ Then t=a:a=b:b=t
Print a;b;c
```

5．下列程序的功能是根据输入的三角形的 3 条边长，判断其是否能组成三角形，若能，则输出三角形的类型，即一般三角形、等边三角形、等腰三角形和直角三角形。请完善下列程序。

```
Dim a%,b%,c%
a=Val(InputBox("请输入第 1 条边长"))
b=Val(InputBox("请输入第 2 条边长"))
C=Val(InputBox("请输入第 3 条边长"))
If [12]_____ Then
    If [13]_____Then
        Print"这是一个等边三角形"
```

```
    Elself [14] _____Then
        Print"这是一个等腰三角形"
    ElseIf a*a+b*b=c*c Or a*a+c*c=b*b Or c*c+b*b=a*a Then
        Print"这是一个直角三角形"
    Else
        Print"这是一个一般三角形"
    End If
Else
    Print"不能构成三角形"
End If
```

6. 下列程序的功能是计算 1!+2!+3!+…+n!。请完善下列程序。

```
Dim fact As Long,sum As Long,i As Integer
sum=0
fact=[15] _____
n=InputBox("请输入 n 的值")
For i=1 To n
    fact=fact*i
    sum=sum+[16] _____
Next i
Print"sum=";sum
```

7. 下列程序的功能是计算 1+(1+3)+(1+3+5)+…+(1+3+5+…+19)。请完善下列程序。

```
Dim s%,sum%,n%
s=0:n=1:sum=0
Do While [17] _____
    s=s+[18] _____
    sum=sum+[19] _____
    n=n+2
Loop
Print"sum=";sum
```

8. 下列程序的功能是将一维数组 a 中的 5 个数按逆序重新存放。请完善下列程序。

```
Dim a(1 To 5),i%,j%,temp%
a(1)=1:a(2)=2:a(3)=3:a(4)=4:a(5)=5
i=1:j=5
Do While [20] _____
    temp=a(i):a(i)=a(j):a(j)=temp
    i=i+1
    [21] _____
Loop
```

9. 下列程序的功能是求 4 行×4 列二维数组 a 的两条对角线上的元素之和。请完善下列程序。

```
Dim a%(1 To 4,1 To 4),i%,j%,sum1%,sum2%
For i=l To 4
```

```
      For j=1 To 4
         a(i,j)=Int(90*Rnd+10)
      Next j
   Next i
   For i=1 To 4
      sum1=sum1+a([22] _____)
      sum2=sum2+a([23] _____)
   Next i
   Print sum1;sum2
```

10. 下列程序的功能是利用自定义的子过程，计算 1×2+2×3+3×4+4×5+5×6+6×7。请完善下列程序。

```
   Private Sub Form_Load()
      Show
      Dim sum As Integer
      Call mysub([24] _____)
      Print"sum=";sum
   End Sub
   Sub mysub(n, sum)
      Dim i%
      For i=1 To n
      sum=sum+[25]_____
      Next i
   End Sub
```

模 拟 试 题 三

一、单项选择题

1. 在 Visual Basic 集成开发环境的"_____"窗口中，可看到应用程序涉及的程序文件名。

    A．代码   B．属性   C．窗体设计器   D．工程资源管理器

2. 下列不能打开"代码"窗口的选项是_____。

    A．选择"视图"菜单下的"代码窗口"命令

    B．双击"窗体"窗口的标题栏

    C．双击"窗体"窗口标题栏下面的灰色空白区域

    D．单击"工程资源管理器"窗口中的"查看代码"按钮

3. 运行程序后用鼠标双击窗体，触发窗体的事件是_____。

    A．Load   B．Unload   C．Click   D．DblClick

4. 如果当前 Visual Basic 的工作模式为中断，则在该模式下_____。

    A．可以设计界面，也可以编辑程序

    B．可以设计界面，但不能编辑程序

    C．不能设计界面，但可以编辑程序

    D．既不能设计界面，也不能编辑程序

5. 要改变显示在命令按钮上的文本内容，应设置其_____属性。

    A．Caption   B．Text   C．Name   D．（名称）

6. 下列选项中不符合 Visual Basic 语法的常量是_____。

    A．12/15   B．"12"   C．"12/15"   D．1.24E-03

7. 下列选项中符合 Visual Basic 语法的变量名是_____。

    A．dim   B．1_max   C．max_1   D．max-1

8. 在 Visual Basic 中，变量 abc$的类型是_____。

    A．整型   B．字符串型   C．单精度型   D．双精度型

9. 设 x=1、y=2、z=3，表达式 Not(x*y<z)Or y<z And x+y=z 的值是_____。

    A．-1   B．0   C．True   D．False

10. 若用 Visual Basic 表达式表示"x 是大于 1 且小于 9 的数"，则正确的选项是_____。

    A．1<x<9   B．1<=x<=9   C．x>l Or x<9   D．x>l And x<9

11. 执行变量声明语句 Dim x,y As Integer 后，变量 x 和 y 的类型分别是_____。

    A．变体型和整型   B．整型和整型

    C．整型和变体型   D．变体型和长整型

12. 下列能随机生成两位正整数（区间为[10,99]）的表达式是_____。

    A．Int(Rnd*89+10)   B．Int(Rnd*90+10)

    C．Int(Rnd*89+11)   D．Int(Rnd*90+11)

13. 下列不能实现将变量 x、y 的值互换的语句是_____。

    A．z=x:x=y:y=z   B．x=z:z=y:y=x

    C．x=x+y:y=x-y:x=x-y   D．x=x-y:y=x+y:x=y-x

14. 在窗体上添加一个名称为 List1 的列表框和一个名称为 Text1 的文本框，列表框中已有若干个列表项，当单击列表框中的某个列表项时，在文本框中能显示被选定列表项的内容，下列选项中能实现上述操作的程序是_____。

    A．Private Sub List1_Click()   B．Private Sub List1_Click()

        Text1.Text=List1.ListIndex   Text1.Text=List1.ListCount

        End Sub   End Sub

    C．Private Sub List1_Click()   D．Private Sub List1_Click()

        Text1.Text=List1.List   Text1.Text=List1.Text

        End Sub   End Sub

15. 当执行下列语句后，x 的值为_____。

```
x=1
If x>=1 Then x=x+1
If x>2 Then x=x+2
If x>3 Then x=x+3
```

    A．1   B．2   C．4   D．7

16. 运行下列程序后，输出结果是_____。

```
a=5
b=3
Select Case a\b
Case Is>0
y=x+1
Case 1 To 9
y=x+2
Case Else
y=x+3
```

```
End Select
Print y
```

   A. 1   B. 2   C. 3   D. 空值

17. 运行下列程序后，输出结果是_____。

```
y=1
For x=1 To 5 Step 2
 y=y*x
Next x
Print x;y
```

   A. 5   3   B. 7   3   C. 5   15   D. 7   15

18. 运行下列程序后，输出结果是_____。

```
Dim sum As Integer
sum=1
Do Until sum>10
  Print sum;
  sum=sum+3.6
Loop
```

   A. 无数据输出   B. 1   4   7

   C. 1   5   9   D. 1   4.6   8.2

19. 运行下列程序后，输出结果是_____。

```
n=4
For i=4 To 1 Step -1
  j=1
  Print Str(n);
Do While j<=i
  Print"#";
  j=j+1
Loop
n=n-1
Print
Next i
```

   A. 4####   B. #   C. 1####   D. ####

     3###   ##   2###   ###

     2##   ###   3##   ##

     1#   ####   4#   #

20. 运行下列程序后，输出结果是_____。

```
Dim a (5) As Integer , b(5) As Integer , i%
For i=0 To 4
  a(i)=i+1
```

```
   b(5-i)=al(i)+2
   If b(i)< >0 Then Print b(i);
Next i
```
A．0 7　　　　B．4 3　　　　C．5 4　　　　D．7 6

二、填空题

1．双击"窗体"窗口标题栏下面的灰色空白区域，将打开"_____"窗口。

2．"属性"窗口的属性列表框分为左右两列，左边一列是属性名，右边一列是_____。

3．Visual Basic 中的对象有 3 个要素，它们分别是属性、_____和方法。

4．当在对象上发生了某个事件后，应用程序就要处理这个事件，处理事件的步骤称为_____。

5．表达式 11 Mod 3+4^2/4\3 的值是_____。

6．Visual Basic 语言的 3 种基本控制结构分别是顺序、_____和循环。

7．要在名称为 Pic 的图片框中显示文本"Hello!"，应使用的语句是_____。

8．当复选框被选定时，其 Value 属性值是_____。

9．语句 Dim x(3,−2 to 4)声明的数组 x 包含的数组元素个数是_____。

10．在 Visual Basic 中，实参与形参的结合有两种方法，即传值和_____。

三、程序填空题

1．在窗体上添加 1 个文本框 Text1、1 个标签 Label1 和两个命令按钮 Command1、Command2。运行下面的程序后，在文本框中输入若干字符，单击命令按钮 Command1，将文本框中的字符原样显示在标签和窗体中；单击命令按钮 Command2，可清除文本框、标签和窗体显示的字符。请完善下列程序。

```
Private Sub Command1_Click()
    [1] _____          '将文本框中的字符显示在标签中
    [2] _____  Text1.Text  '将文本框中的字符显示在窗体中
End Sub
Private Sub Command2_Click()
    [3] _____          '清除标签显示的字符
   Text1.Text=""
    [4] _____          '清除窗体显示的字符
End Sub
```

2．在窗体上添加 1 个文本框 Text1 和 1 个计时器 Timer1。程序运行后，单击窗体，将在文本框中每隔 1 秒显示一次时间。请完善下列程序。

```
Private Sub Form_Load()
    Timer1.Enabled=False
    Timer1.Interval=[5] _____
```

```
End Sub
Private Sub Form_Click()
    Timer1.Enabled=[6] _____
EndSub
Private Sub Timer1_Timer()
    Text1.Text=[7] _____
EndSub
```

3. 下列程序的功能是在文本框 Text1 中输入一个数据，如果该数据满足"能被 4 整除并且除以 6 余 2"这个条件，则在窗体上输出；否则清除文本框中的内容，并将焦点定位在文本框中。

```
Dim x As Integer
x=[8] _____
If [9] _____Then
    Print x
Else
    Text1.Text=""
    [10] _____
EndIf
```

4. 下列程序的功能是当 x<10 时，y=x+1.2；当 10≤x≤50 时，y=x+3.6；当 x>50 时，输出"输入的数据错误"。请完善下列程序。

```
Dim x As Single,y As Single
x=InputBox("请输入 x 的值")
[11] _____
    Case Is<10
    y=x+1.2
    Print"x="; x;"y=";y
    Case 10 To 50
    y=x+3.6
    Print"x=";x;"y=";y
  [12] _____
    Print"x=";x;
    Print"输入的数据错误"
End Select
```

5. 下列程序的功能是对输入的若干个正整数进行求和，当和的值大于 100 时，停止计算。请完善下列程序。

```
Dim x As Integer, sum As Integer, i%
For i=1 To 100
    x=Val(InputBox("请输入数据"))
    Print x
    sum=[13] _____
```

```
       If [14] _____ Then Exit For
Next i
Print"sum=";sum
```

6. 下列程序的功能是输出斐波那契数列的前 20 项。斐波那契数列是指数列的前两个数均是 1，从第 3 个数开始，每个数是前两个数之和，即第 3 个数是 1+1=2，第 4 个数是 1+2=3，第 5 个数是 2+3=5……以此类推。请完善下列程序。

```
Dim f1%,f2%,i%
f1=1
f2=[15] _____
Print f1;f2;
For i=2 To [16] _____Step 1
    f1=f1+f2
    f2=[17] _____
    Print f1;f2;
Next i
```

7. 下列程序的功能是从键盘输入若干个学生的成绩，输出其中的最好成绩和最差成绩，当输入负数时结束输入。请完善下列程序。

```
Dim score As Single,smax As Single,smin As Single
score=InputBox("请输入成绩")
smax=score
[18] _____
Do While [19] _____
    If score> smax Then smax=score
    If [20] _____ Then smin=score
    score=InputBox("请输入成绩")
Loop
Print"最好成绩是:";smax
Print"最差成绩是:";smin
```

8. 下列程序的功能是随机生成 50 个[-9,9]的整数（包括 0），统计正数、负数和 0 的个数，并计算正数和负数之和。请完善下列程序。

```
Dim x%,pn%,nn%,zn%,psum%,nsum%,i%
Randomize
For i=1 To 50
    x=Int(Rnd*[21] _____  -9)
    Print x
    If x>0 Then
        pn=pn+1
        psum=psum+x
    End If
    If x<0 Then
```

```
        nn=nn+1
        nsum=nsum +x
    End If
    If x=0 Then [22] _____
Next i
Print"正数的个数是:";pn;"和是: ";psum
Print"负数的个数是:";nn;"和是: ";nsum
Print"零的个数是:";zn
```

9. 下列程序的功能是通过调用 Sub 子过程 swap，调换数组 x（包含 10 个元素）中的存放位置，即 x(1)的值与 x(10)的值互换，x(2)的值与 x(9)的值互换……x(5)的值与 x(6)的值互换。请完善下列程序。

```
Option Base 1
Private Sub Form_Click()
Dim x(10) As Integer, i As Integer
For i=1 To 10
    x(i)=i*i
    Print x(i);
Next i
Print
Call swap([23] _____, 10)
For i=1 To 10
    Print x(i);
Next i
End Sub
Private Sub swap(y() As Integer, n As Integer)
Dim temp As Integer
For i=1 To [24] _____
    temp=y(i)
    y(i)=y(n)
    y(n)=temp
    [25] _____
Next i
End Sub
```

模 拟 试 题 四

一、单项选择题

1. 下列有关 Visual Basic 语言的描述中不正确的是_____。

    A．Visual Basic 程序中不区分代码的大小写

    B．多个语句用 "," 隔开

    C．Visual Basic 程序中的变量名和常量名可以是单个字母，也可以是以字母打头的字符串

    D．当对 "程序" 窗口中的控件对象进行操作时，一个对象可以响应不同类型的事件

2. 在 Visual Basic 中，工程文件的扩展名是_____。

    A．.frm   B．.frx   C．.vbg   D．.vbp

3. 建立 Visual Basic 应用程序的第一步是_____。

    A．创建窗体   B．新建工程   C．设置属性   D．编写代码

4. 下列关于保存工程的说法正确的是_____。

    A．保存工程时只保存窗体文件即可

    B．保存工程时只保存工程文件即可

    C．先保存窗体文件，再保存工程文件

    D．先保存工程文件，再保存窗体文件

5. 在面向对象的程序设计中，最基本的元素是_____。

    A．窗体文件   B．工程文件   C．属性   D．对象

6. 下列选项可以作为 Visual Basic 变量名的是_____。

    A．a2   B．abs   C．2a   D．a+b

7. 为了增强程序的可读性，Visual Basic 中的代码通常用_____作为注释符，使后面的内容以绿色显示。

    A．//   B．'   C．;   D．*

8. 在 Visual Basic 语言中，连接字符串的运算符有_____。

    A．&符号和+符号   B．.符号和_符号

A．、符号和:符号　　　　　　D．=符号和-符号

9．将 a、b 两个变量的值进行互换，正确的语句是_____。

A．a=b:b=a　　　　　　　　B．a=c:c=b:b=a

C．b=a+b:a=a/b　　　　　　D．c=a:a=b:b=c

10．在 Visual Basic 语言中，用下面的_____语句来定义变量。

A．Clear　　B．Const　　C．Dim　　D．Let

11．表达式 4+65*7/9Mod3 的值是_____。

A.4　　B．5　　C．6　　D．7

12．函数 Val("456abc")的值是_____。

A．456　　B．456abc　　C．abc　　D．abc456

13．设 a=6、b=5、c=-2，执行语句 Print a>b>c 后，窗体上显示的是_____。

A．0　　B．1　　C．False　　D．True

14．对于 If 语句，If a=1 Then b=1 说法正确的是_____。

A．a=1 和 b=1 都是赋值语句

B．a=1 和 b=1 都是关系表达式

C．a=1 是关系表达式，b=1 是赋值语句

D．a=1 是赋值语句，b=1 是关系表达式

15．对于多分支结构中的 Case 语句，下列写法不正确的是_____。

A．case 1 ,3 ,5 ,7　　　　　　B．case 5 to 1

C．case 2 to 8　　　　　　　　D．case is>3

16．下列选项可表示[50,100]随机数语句的是_____。

A．Int(Rnd* 51)+49

B．Int(Rnd*50+50)

C．Int(Rnd*50)+50

D．Int(Rnd*51+50)

17．表达式 Fix(5.6)+Int(-5.6)的值是_____。

A．-1　　B．0　　C．1　　D．2

18．下列语句绘制的是_____。

```
ScaleWidth=100: ScaleHeight=100
Circle(50,40) ,10, , , ,,2
```

A．弧线　　B．曲线　　C．椭圆　　D．圆

19．引用列表框 List1 被选中项数据应使用_____。

A．List1.list　　　　　　B．List1.listCount

C．List1 Index　　　　　D．List1.Text

20. 运行下列程序，单击窗体后，输出结果是_____。

```
Private Sub Form_Click()
Dim a
Dim s As Integer, i As Integer
a=Array(1 ,2,3,4,5,6)
s=1
For i=5 To 1 Step -2
S=s*a( i)
Next i
Print s
End Sub
```

    A. 15   B. 48   C. 120   D. 720

二、填空题

1. Visual Basic 中的一个工程可包含多种类型的文件，其中，扩展名为.frm 的表示_____文件，扩展名为. bas 的表示_____文件，扩展名为.ocx 的表示_____文件。

2. Visual Basic 中的对象有 3 个要素，它们分别是属性、_____和方法。

3. Visual Basic 对象属性的设置一般有_____和_____两种方式。

4. 在 Print 方法中，对输出进行定位，可以使用 Tab 函数，还可以使用_____函数。

5. Visual Basic 中表达式 5 mod 3 +9\4/2 的值是_____。

6. 当进入 Visual Basic 集成环境时，若没有发现"属性"窗口，应选择"_____"菜单的"_____"选项，使"属性"窗口显示。

三、程序填空题

1. 下列程序显示所有 3 个数码各不相同的三位数，要求按紧凑格式每行显示 15 个数，并统计有多少个这样的三位数。请将程序补充完整。

```
Private Sub Form_Click ()
Dim n As Integer , a As Integer, b As Integer, c As Integer
Dim x As Integer
For a=0 to 9 '个位数数码
    For b=0 To 9 '十位数数码
        For c=[1] _____
            If a<>b And b<>c And a<>c Then
                x=a+10* (b+10*c)
                n=[2] _____
                 [3] _____
                If n mod 15=0 Then Print
            End If
```

```
    Next c,b,a
Print"总共有这样的三位数";n;"个"
End Sub
```

2. 下列程序用于求 $s=1+3+3^2+3^3+\cdots+3^{10}$ 的值。请将程序补充完整。

```
Private Sub Button 1_Click ()
Dim s As integer, t As integer, i As integer
s=[4] _____
    For i=1 to 10
        t=[5] _____
        s=s+t
    Next i
  Label1.caption="s="& s
End Sub
```

3. 下列程序根据输入的整数 x 的值，给出相应的提示，要求如下：

当 x<100 时，显示"x<100"；

当 100≤x≤500 时，显示"100≤x≤500"；

当 x>500 时，显示"x>500"；

请将程序补充完整。

```
Private Sub Form1_Click()
Dim x% , y $
x=InputBox ("请输入 x 的值:")
Select Case x
    Case Is<100
        [6] _____
    Case [7] _____
        y="100≤x≤500"
    Case [8] _____
        y="x>500"
End Select
MsgBox(y)
End Sub
```

4. 下列程序生成 24 个[10,99]的随机整数，找出其中的偶数，并将其以每行 6 个数显示在标签中。请将程序补充完整。

```
Private Sub Button1_Click()
Dim i% ,x% ,k%
Label1. Caption=""
Randomize ()
For i=I To 24
x=[9] _____
  If[10] _____
```

```
        Label1, Caption=x &""
k=k+1
            If[11] _____ Then
        Label1. Caption=x & VbCrLf
            End If
        End if
Next i
End Sub
```

5. 下列程序在运行时，用户可以在文本框中输入文本，单击"添加"按钮后，可将文本内容添加到列表框的末尾；用户选中列表框中的某一个列表项后，单击"删除"按钮，可删除该列表项；如果没有选中任何一项就单击"删除"按钮，将有出错提示"先选择，再删除！"。请将程序补充完整。

```
Private Sub Command1_Click() '添加按钮
If Len(Text1. Text)<>0 Then
[12] _____
Text1. Text='"
Text1. SetFocus
End If
End Sub


Private Sub Command2_Click() '"删除"按钮
if[13] _____ Then
MsgBox"先选择，再删除！"
Else
[14] _____
End If
End Sub
```

6. 下列程序的功能是找出被5、7除，余数为1的最小5个正整数。请将程序补充完整。

```
Private Sub Form_Click ()
Dim Ncount% ,n%
    Ncount=[15] _____
    n=1
    Do
            n=n+1
            If[16] _____Then
            Print n
                Ncount=Ncount+1
            End if
        Loop Until[17] _____=5
End Sub
```

7. 下列程序在已知数组 a( )中删除某个元素。请将程序补充完整。

```
Sub Button1_Click()
Dim a( ) As Integer={1,6,8,3,5,9,10,2,7,4},Key%,i%,j%
Key=Val ( InputBox("输入要删除的值"))
    For i=0 To UBound(a)
        If Key=a(i) Then
        For j=i+1 To UBound(a)
            [18] _____
        Next j
        ReDim[19] _____
        MsgBox ("删除完成")
        Exit Sub
    End If
Next i
MsgBox("找不到要删除的元素")
End Sub
```

8. 下列程序实现文本文件合并，将 C:\T2.txt 文件合并到 C:\T1.txt 文件。请将程序补充完整。

```
Sub Button1_Click()
Dim Str As String
FileOpen(1,"C:\T1.txt",[20] _____)
FileOpen(2,"C:\T2.txt",[21]) _____)
Do While Not EOF(2)
[22] _____
PintLine(1,Str)
Loop
FileClose()
End Sub
```

9. 下列程序实现用 Timer 控件完成倒计时，从 10 起，每隔 0.1 秒计数器减 1，当计数器为 0 时倒计时停止。请将程序补充完整。

```
Private Sub Form_Load()
Label1,Caption=10
Timer1.Interval=[23] _____
Timer1.Enabled=[24] _____
End Sub
Private Sub Timer1_Timer ()
If[25] _____ then
Timer1.Enable=False
Else
Label1,Caption=val(Label1,text) -1
End If
End Sub
```

模 拟 试 题 五

一、单项选择题

1. 函数 Int (-16.78)的返回值是_____。

 A．16　　　　B．17　　　　C．-16　　　　D．-17

2. 在\、/、Mod、* 四个算术运算符中，优先级别最低的是_____。

 A．\　　　　B．/　　　　C．Mod　　　　D．*

3. 表达式 20\5.6 和 20 Mod 5.6 的运算结果分别是_____。

 A．4，0　　　B．3，2　　　C．4，2　　　D．3，0

4. 阅读下面的程序：

 x=InputBox("请输入第一个数:")

 y=InputBox("请输入第二个数:")

 Print x+y

 当分别输入 6 和 58 时，程序输出_____。

 A．658　　　　B．64　　　　C．58　　　　D．程序出错

5. 在文本框中输入字符时，想用*号显示输入的内容，应设置文本框的_____属性。

 A．Caption　　　　　　　　B．PassWordChar

 C．Text　　　　　　　　　D．Char

6. 生成[10,80]的随机整数的表达式是_____。

 A．Int(Rnd*70)+10　　　　　B．Int(Rnd*10)+80

 C．Int(Rnd*71)+10　　　　　D．Int(Rnd*10)+70

7. 执行语句 a=MsgBox("AAAA",,"BBBB")后，所生成的信息框的标题是_____。

 A．BBBB　　　B．空　　　C．AAAA　　　D．出错

8. 设 s="abcdefg"，下面函数值为"abc"的选项是_____。

 A．Mid(s,3)　　B．Mid(s,3,1)　　C．Right(s,3)　　D．Left(s,3)

9. 设置标签边框的属性是_____。

 A．BorderStyle　B．BackStyle　　C．AutoSize　　D．Alignment

10. 下列正确的赋值语句是_____。

    A．x+y=30   B．y=π*r *r   C．y=x+30   D．3y=x

11. 下列程序运行后，输出结果是_____。

```
x=1:y=2
z=x=y
Print  x;y;z
```

    A． 1 1 2   B． 1 1 1

    C． False   False   D． 1 2 False

12. 下列程序运行后，输出结果是_____。

```
a=1
Do Until a>7
  a=a*(a+1)
Loop
Print a
```

    A. 7   B. 39   C. 42   D. 1

13. 下列程序的运行结果为_____。

```
m=1
Select Case m
Case 0
Print "##"
Case 1
Print "###"
Case 2
Print "####"
End Select
```

    A. ##   B. ###   C. ####   D. #######

14. 下列程序运行后，s 的结果为_____。

```
s=0
For i=30 To 10 Step 10
s=s+i
Next
Print s
```

    A. 0   B. 30   C. 40   D. 出错

15. 下列程序的运行结果为_____。

```
a=0:b=0
For i= -1 To -2 Step -1
For j=1 To 2
 b=b+1
Next  j
```

```
a=a+1
Next  i
Print  a;b
```

A．2 4   B．-2 4   C．4 2   D．2 3

16．定义数组 a(1 To 7,5)后，下列选项中不存在的数组元素是_____。

A．a(1,1)   B．a(1,5)   C．a(0,5)   D．a(5,5)

17．运行下列程序后的输出结果是_____。

```
n=0:s=0
Do While n>=0
n=n+2
s=s+n
If s>10 Then Exit Do
Loop
Print n;s
```

A．6 12   B．12 6   C．4 8   D．8

18．下列语句中可以正确地声明一个动态数组的是_____。

A．Private a(n) As Integer

B．Dim a( ) As Integer

C．Dim a(,) As Integer

D．Dim a(1 To n)

19．假定有下列函数过程：

```
Function func(a As Integer, b As Integer) As Integer
func = a + b
End Function
```

在窗体上添加一个命令按钮，并编写如下事件过程：

```
Private Sub Command1_Click()
p = func(100,200)
Print p;
End Sub
```

程序运行时，单击命令按钮得到的结果是_____。

A．100   B．200   C．300   D．400

20．运行下列程序后的输出结果是_____。

```
Dim a(3,3) As Integer, i%, j%
For i=1 To 3
For j=1 To 3
 If i+j=4 Or i=j Then a(i,j)=1 Else a(i,j)=2
   Print a(i,j);
 Next j
```

```
   Print
Next i
```

A. 1　2　2　　　B. 2　2　1　　　C. 2　1　2　　　D. 1　2　1

　　2　1　2　　　　　2　1　2　　　　　1　2　1　　　　　2　1　2

　　2　2　1　　　　　1　2　2　　　　　2　1　2　　　　　1　2　1

二、填空题

1. 在面向对象的程序设计中，对象的三要素指的是_____、_____和_____。

2. Len("123456")的返回值是_____；设 a=5、b=3，表达式 a>b 的值是_____。

3. 根据数组中元素的个数是否可以变化，数组分为_____数组和_____数组。

4. 如果列表框的 ListCount 属性为 10，则列表框的最后一项的 ListIndex 值为_____。

5. 在过程调用中，参数的传递可分为_____传递和_____传递两种方式。

三、程序填空题（在方括号"[ ]"后面的横线"_____"上填写正确的答案）

1. 下面程序的功能是生成 20 个两位随机整数，输出其中能被 3 整除的数并求出它们的和。

```
Private Sub Command1_Click()
For i=1 To[1]_____
x=[2]_____
If [3]_____=0 Then
[4]_____
S=S+[5]_____
End If
Next i
Print "Sum=": S
End Sub
```

2. 下面的程序用于求$1+\dfrac{1}{2}+\dfrac{2}{3}+\dfrac{3}{4}+\dfrac{4}{5}+\cdots+\dfrac{99}{100}$的值。

```
Private  Sub  Command1_Click()
 S=[6]_____
 For i=2 To [7]_____
  S=[8]_____
[9]_____
 Print "S=";S
[10]_____
```

3．下面程序的功能：当 x<0 时，y=x+10；当 0≤x≤20 时，y=x+30；当 x>20 时，输出"输入的数据错误"。

```
Dim x As Single, y As Single
x=InputBox("请输入 x 的值")
[11]_____
Case Is<0
 y=x+10
 Print "x="; x; "y=";y
Case [12]_____
y=x+30
Print "x=";x; "y=";y
[13] _____
Print "x=";x;
Print "输入的数据错误"
End Select
```

4．利用随机函数生成 10 个[10,100]的随机整数，按从小到大的顺序输出。

```
Private Sub Command1_Click()
 Randomize()
 Dim xx(10) As Integer
 For i = 1 To 10
  xx(i) = [14]_____
 Next
 For i = 1 To 9
  For j = 1 To [15]_____
   If xx(j) > xx(j+1) Then
    t=xx(j)
    [16] _____
    xx(j+1)=t
   End If
 Next j,i
 For i = 1 To 10
  Print [17] _____
 Next i
End Sub
```

5．编写程序，生成 20 个[1,9]的随机整数，统计各数值段有多少个数。

```
Dim [18]_____
Dim i As Integer, j As Integer
Randomize
For i = 1 To 20
 x=[19]_____
 [20]_____
```

```
Next  i
For j = 1 To[21]_____
 Print  a(j);
Next j
```

6. 利用自定义的函数过程，求 1!+2!+3!+4!+5!。

```
Public Function fact ([22] _____)As Long
 Dim f As Long, i As Integer
 f=1
 For i=1 To n
  f=f*i
 Next i
 [23] _____
End Function
Private Sub Form_Click()
 Dim s As Long, i As Integer
 s=0
 For i=[24]_____
  [25] _____
 Next i
 Print s
End Sub
```

附录 A 部分习题参考答案

第1章 Visual Basic 概述

一、选择题

1	B	2	D	3	A	4	A	5	C
6	B	7	B	8	B	9	C	10	C
11	C	12	A	13	A	14	B	15	C
16	D	17	D	18	C	19	C	20	D

二、填空题

1. 可视化
2. 对象，事件驱动
3. 立即
4. 学习版，专业版，企业版
5. 文件，退出
6. Alt+Q
7. 文件，新建工程，Ctrl+N
8. 视图，工具箱
9. 外观
10. "查看对象""查看代码"

三、简述题

（略）

第 2 章　Visual Basic 简单的程序设计

一、选择题

1	C	2	A	3	C	4	C	5	A
6	A	7	B	8	D	9	C	10	C
11	B	12	B	13	A	14	D	15	B
16	B	17	D	18	A	19	C	20	A
21	A	22	B	23	A	24	C	25	D
26	A	27	C	28	A	29	A	30	C
31	A	32	B	33	A	34	C	35	C
36	D	37	C	38	B	39	B	40	D
41	B	42	D	43	C	44	D	45	A
46	D	47	D	48	A	49	D	50	C

二、填空题

1．类，对象

2．类或控件类

3．属性，方法，事件

4．属性，方法，事件

5．属性名，属性值

6．设计，运行

7．窗体，文本框，命令按钮

8．Click 事件，DbClick 事件，Load 事件，多，由事件来驱动应用程序执行一段 Visual Basic 代码，cmd1，Click

9．属性，代码，对象名.属性名=属性值，FF. BackColor=vbRed，C1.Caption="显示"

10．Form1.Show，Picture1. Cls

11．Top，Left，Width，Height

12．.vbp，.frm

13．Click

14．Label1.Caption="Hello!"

15．AutoSize，True

16．StartUpPosition

17．"工具""选项""选项""自动语法检测"

18．Form、C1、T1，事件

19．"退出（&X）"，Alt+X

20．Style

三、编程题

（略）

第3章　常量和变量

一、选择题

1	B	2	C	3	C	4	C	5	A
6	B	7	D	8	C	9	A	10	C
11	D	12	D	13	C	14	D	15	B
16	C	17	A	18	D	19	C	20	B
21	B	22	A	23	B	24	A	25	B
26	A,D	27	D	28	C	29	D	30	D

二、填空题

1．字符

2．定长字符串，变长字符串

3．双精度型

4．2，4，4，8

5．定点，浮点

6．单精度浮点数，双精度浮点数

7．True，False

8．#，"

9．直接常量，符号常量

10．Const

11．字母，数字，下画线，255

12．%，&，!，#，$

13．Dim x%，y %

14．Variant（变体）

15．双精度型

三、简述题

1～3　（略）

4．合法的直接常量：100.0（单精度型），1E1（单精度型），123D3（双精度型），0100（整型），"ASDF"（字符型），"1234.5"（字符型），#2017/10/7#（日期型），100#（双精度型），True（布尔型），−1123!（单精度型），345.54#（双精度型）

5．变量：Name，ff，cj，n

常量："name"（字符型），False（布尔型），"11/16/99"（字符型），"120"（字符型），#11/12/2017#（日期型），12.345（单精度型）

6．合法变量名：A123，a12_3，XYZ

7．（1）4 字节，0.01

（2）4 字节，7600

（3）8 字节，-1.23×10^{-32}

（4）8 字节，123456789.54321

（5）4 字节，−29

（6）8 字节，3000

第4章　函数与表达式

一、选择题

1	A	2	D	3	D	4	B	5	B
6	B	7	A	8	B	9	C	10	B
11	A	12	A	13	B	14	D	15	D
16	B	17	D	18	D	19	C	20	B
21	C	22	B	23	A	24	A	25	C
26	C	27	A	28	C	29	B	30	C

二、填空题

1．空格+_

2．：

3．3

4．−1

5．−9

6．6

7．"visual basic"

8．31

9．1

10．5

11．"1234"

12．−57

13．2

14．"CDEF"

15．1234.56

16．True

17．Y Mod 4=0 And Y Mod 100<>0 Or Y Mod 400=0

18．X<100 And X>=0

19．a< > 0 And b*b-4*a*c>=0

20．X Mod 5=0 And X Mod 2=0

三、写出下列函数的值

1．10.56

2．2

3．4

4．−1

5．−14

6．−15

7．0.5

8．1

9．"exercise"

10．"erci"

11．"Exerci"

12．23.55

13．"−543.89"

14．13

15．7

四、把下列数学表达式改写为 Visual Basic 表达式

1．(x^3+y^3+z^3)/Sqr(x+y+z)

2．a^2+3*a*b+b^2

3．Sqr(abs(x*y−z^3))

4．((x+12)/(2*y−x))^2

5．1/3*3.14*h*r^3

6．((x−1)^2+(x+1)^2)/(2*x^2+1)

7．(x+y+z)/(x^3+y^3+z^3)

8．2*x^2+3*y^3+(x-y)^3/(x+y)^2

9．(a−b)*(a+2*b−5*(3*c+2))

10．2*sin((x+y)/2)*cos((x−y)/2)

五、写出下列表达式的值

1．−2

2．110

3．4

4．"xyz456"

5．"579789"

6．0

7．1

8．1

9．False

10．（1）False

   （2）True

六、用关系表达式或布尔表达式表示下列条件

1．i Mod j=0

2．1<=x And x<10

3．n<k And n Mod 2=0

4．x<z Or y<z

5．a+b>c And b+c>a And c+a>b

第5章 顺序结构程序设计

一、选择题

1	C	2	C	3	A	4	D	5	B
6	A	7	D	8	A	9	C	10	C
11	A	12	D	13	D	14	A	15	A,B
16	B	17	C	18	D	19	C	20	D
21	B	22	B	23	A	24	B	25	C
26	A	27	D	28	D	29	D	30	A

二、填空题

1．Let

2．计算

3．txtshow.Text="GOOD WORK！"

4．Text1.Text=" Visual Basic 你好！"，

5．Rem，'

6．End

7．字符型

8．"12345"

9．计算，输出

10．窗体，图片框，打印机

11．结果数值，原样输出

12．（逗号），（分号）

13．27　−9

14．2　　1

15．Tab，Spc

16．500.00%

17．123.46

18．9

19．ABCD，Visual Basic Programming

20．−100　　　200　　　−300
　　 −100　　　200　　　−300

21．x=3
　　 y=3
　　 x=4
　　 y=3

22.   5   4
       a=5   b=4
23. 1   2
     3   5
24. 1   2
     3   5
     8   13
25. s=3.14*r*r
26. n=Val(InputBox ("请输入一个求阶乘的数："，"求数的阶乘"))
27. n=MsgBox("退出本系统？"，4+32,"提示信息")
28. n=MsgBox("文件未找到！"，0+48,"文件查找")
29. Val(InputBox("请输入 b"))，a，b，c
30. 9，1
    8，3
    7，5
    6，7

三、编程题

（略）

第6章   选择结构程序设计

一、选择题

1	C	2	B	3	D	4	C	5	D
6	A	7	B	8	B	9	A	10	C
11	B	12	B	13	C	14	B	15	B
16	C	17	C	18	A	19	B	20	C

二、填空题

1. 关系表达式，布尔表达式，True，False

2. If…Then…Else，If…Then…ElseIf，Select…Case

3. 一

4. If x>0   Then s1=s1+x Else s2=s2+x

5. 80

6. True

7．bcdcde

8．1

9．2

10．3

11．8

12．你应该缴纳 599.8 元税金

13．numx Mod 2=0 And numx Mod 5=0 And numx Mod 7=0，numx，numx^2。

14．Val (Text2.Text)，M=B，End If

15．y=0 ，z=x / y

16．Val (Text2.Text)，Int(a) ，a &"是整数"

17．x=2   y=4

    x=3   y=4

    x=4   y=8

    x=15   y=226

18．score，70 To 79，Case Else，End Select

19．n，s=6*n，s>200

20．Is<0，Is>12，Case Else

三、编程题

（略）

第 7 章　循环结构程序设计

一、选择题

1	A	2	C	3	D	4	C	5	A
6	B	7	C	8	A	9	A	10	D
11	A	12	D	13	B	14	C	15	B
16	A	17	B	18	C	19	D	20	A
21	A	22	B	23	D	24	C	25	C
26	B	27	B	28	C	29	C	30	D
31	A	32	B	33	B	34	D	35	C
36	C	37	D	38	C	39	C	40	C

二、填空题

1．1

2. Loop

3. 4

4. 5

5. 3

6. 6

7. 15

8. Int（Rnd *100），X Mod 2=0

9. Int（Rnd *101）+200，x Mod 7，x

10. K=1 To N，D+A，ID=ID+1

11. Int（Rnd *78）+10，I Mod 4=0

12. Len(N)，C，Text2．Text

13. z<=50 And z=Int(z)

14. Mid$(a，6-I，2*I-1)

15. Print Tab(10+I)；Print

16. Val(InputBox(""))，amin=x，x>=0，x<=amin

17. z=z+1，z=l

18. Long，S+i，Sum+S，Sum

19. T=1，i，T*j，Next j，S+T

20. n，Int（Rnd*2），1，n2+1，End If，n1

三、编程题

（略）

第8章 Visual Basic 常用内部控件

一、选择题

1	C	2	B	3	B	4	B	5	B
6	D	7	D	8	B	9	C	10	B
11	D	12	C	13	D	14	B	15	B
16	A	17	B	18	C	19	B	20	A
21	B	22	C	23	A	24	C,D	25	B
26	A	27	A	28	C	29	B	30	D
31	C	32	A	33	C	34	C	35	D
36	B	37	A	38	C	39	A	40	A

二、填空题

1. 该选项未被选中

2. Style

3. 0

4. 0

5. Listcount-1

6. Selected，List

7. AddItem

8. 9

9. 下拉式列表框

10. Change Scroll

11. Largechange

12. Value

13. RemoveItem

14. Style

15. i+1，List1.RemoveItem j

16. 4，政工部

17. 4000

18. Selected(7)，List(7)

    List1.Text

    RemoveItem i-1

    x, 2*i-1

19. List1.ListCount-1，List1.List(i)，List1.AddItem x，x=Empty

20. List1.Dblclick，List1.Text

21. 0，List1.ListIndex，ListCount，Else

22. False，Text1.Text，List1.List(k)，True，Exit Do，Not found

23. Text1.SetFocus，List1.RemoveItem，List1.Clear，UnLoad Me

24. KeyPress，Combo1.ListCount-1，Combo1.List(i)，Exit Sub，AddItem

25. 500，True，Time$

第 9 章　数组

一、选择题

1	D	2	A	3	C	4	A	5	C
6	B	7	C	8	D	9	B	10	C
11	D	12	B	13	A	14	C	15	D
16	A	17	B	18	D	19	C	20	C
21	A	22	B	23	D	24	B	25	C

二、填空题

1．下标变量，下标

2．多维，矩阵

3．静态，动态

4．0，1

5．0

6．大小，维数，ReDim

7．Preserve

8．0，空串

9．Name，Index

10．变体

11．7

12．0

13．Text1．Text+Label1(Index).Caption

14．Int(Rnd*1001)，sum+a(i)

15．S1+A(i)，S2+A(i)

16．Int(Rnd*301)，AddItem a(i)，a(i)Mod 2<>0

17．Val(InputBox(""))，t，a(3)，a(1)

18．9，10-i

19．Dim m(10)As Integer，Int(Rnd*90+10)，1 To 9，i+1 To 10，T=m(i)：m(i)=m(j)：m(j)=T，m(i)Mod 2=0

20．Int(Rnd*91+10)，x=a(i)，n=n+1，p=i，p=j，i Mod 10=0

21．a(10)，60，Int(Rnd*101)，a(x\10)=a(x\10)+1,10

22. 1 To 9，1 To 10-i，>

23. Int(Rnd*6+1)，d(n)=d(n)+1

24. a(1)，Avg/10

25. 1，F(I)=F(I-1)+F(I-2)，If I Mod 5=0 Then Print

26. i=j，Print

27. a(i,j)，b(i,j);

28. tt(k)+ww(k, j)，tt(1),1

29. Option1,Index，"黑体"，FontName

30. Option1(i)，opt，Val(Text1.Text)-Val(Text2.Text)，Label4. Caption

三、判断题

1	√	2	×	3	√	4	√	5	×
6	√	7	√	8	√	9	√	10	√
11	√	12	√	13	×	14	×	15	√
16(1)	√	16(2)	×	16(3)	√	16(4)	√	16(5)	√
16(6)	×	16(7)	×	16(8)	√	16(9)	×	16(10)	×

四、编程题

（略）

第10章　过程

一、选择题

1	C	2	B	3	B	4	B	5	C
6	C	7	B	8	B	9	D	10	D
11	C	12	A	13	A	14	C	15	A
16	A	17	D	18	C	19	C	20	B
21	C	22	D	23	A	24	B	25	B
26	B	27	A	28	B	29	B	30	C
31	C	32	A	33	A	34	C	35	B

二、填空题

1. 通用，子，函数

2. Load

3. 形式参数，形参，实际参数，实参

4．按址，按值，按址

5．值，址

6．ByVal

7．嵌套，递归

8．1520

9．4　5

10．8

11．2　34

12．a=-5　　　b=-12　　　c=-7

13．24

14．2　5　9

15．30

16．r=1，fact=r

17．n Mod 2<>0，Call odd(x)

18．Call Swap（a，b）

19．f，Boolean，f=False

20．a()，10，5，n=n-1

21．Call p18(a(),n)，n＞a(J-1)，a(J)=n

22．n As Integer，fact=f，s=s+fact(i)

三、判断题

1	√	2	×	3	√	4	×	5	√
6	×	7	×	8	×	9	×	10	×

四、编程题

（略）

第 11 章　文件

一、选择题

1	A	2	B	3	D	4	B	5	B
6	A	7	B	8	D	9	A	10	A
11	B	12	A	13	D	14	B	15	B
16	A	17	C	18	D	19	B	20	C

二、填空题

1．Open

2．Print，Write

3．Get，Put

4．EOF

5．"D:\f1" For Output

   Print #1,i

   Close #1

   Line Input #2, x 或 Input #2, x

   Form1.Print x

第 12 章　Visual Basic 图形设计

一、选择题

1	D	2	C	3	D	4	A	5	C
6	D	7	B	8	B	9	B	10	D
11	C	12	D	13	D	14	C	15	B

二、填空题

1．使用图形控件　使用绘图方法

2．Pset 方法　Line 方法　Circle 方法

3．图形框

4．B

5．逆

6．图片框

7．窗体的左上角，向右和向下

8．刻度，Scale

9．不会，不会

10．ScaleHeight ，ScaleWidth

11．Pic.Circle (Pic.ScaleWidth/2, Pic.ScaleHeight/2), 1000, RGB(255,0,0)

12．DrawWidth

13．Left=(Screen.Width-Width) / 2　Top=(Screen.Height-Height) / 2

14．Shape

15．Cls

16．Pset，Pset (100,100) BackColor

17．150，200

18．PaintPicture

19．−2π～2π

20．Visual Basic 程序设计，Visual Basic Programming

三、编写程序

（略）

附录 B　模拟试题参考答案

模拟试题一

一、单项选择题（每小题 2 分，共 40 分）

1	B	2	C	3	B	4	C	5	A
6	C	7	A	8	B	9	C	10	D
11	A	12	D	13	B	14	C	15	C
16	B	17	D	18	A	19	A	20	D

二、填空题（每空 1 分，共 10 分）

1. 控件
2. 方法
3. 设计，运行，中断或 break
4. 3
5. 34
6. 2，4
7. 6

三、程序填空题（每空 2 分，共 50 分）

1. [1]Caption

   [2]Text

   [3]Caption

2. [4]2000

   [5]True

   [6]Print

3. [7]b

[8]c

[9]m>n 或 n<m

[10]max

4. [11]"0"To"9"

[12]"a"To"z"

[13]Else

5. [14]0

[15]Step 2

[16]i*i 或 i^2

6. [17]1

[18]x=-1 或-1=x

[19]x

7. [20]10

[21]n-1

[22]i+1 或 1+i

[23]>

8. [24]True

[25]n+1 或 1+n

模拟试题二

一、单项选择题（每小题 2 分，共 40 分）

1	C	2	B	3	A	4	A	5	D
6	D	7	C	8	B	9	C	10	C
11	B	12	D	13	A	14	C	15	B
16	A	17	D	18	B	19	A	20	D

二、填空题（每空 1 分，共 10 分）

1. Load

2. Vbp 或 .vbp

3. Labell.Caption="欢迎使用 Visual Basic"或 Labell="欢迎使用 Visual Basic"

4. Print

5. 0

6．1

7．False

8．True

9．3

10．0

三、程序填空题（每空 2 分，共 50 分）

1．[1]Text

　[2]Text1.Text=""或 Text1=""

　[3]Command2.Caption

2．[4]Picture1.Picture 或 Picture1

　[5]Picture2.Picture 或 Picture2

　[6]Picture2.Picture=Picture3.Picture 或 Picture2=Picture3

3．[7]List1.Selected(i)

　[8]AddItem

4．[9]a>b 或 b<a

　[10]b>c 或 c<b

　[11]a>b 或 b<a

5．[12]a+b>C And b+C>a And a+c>b　　（注：关系表达式的先后顺序可以改变）

　[13]a=b And b=C　　（注：关系表达式的先后顺序可以改变）

　[14]a=b Or b=C Or a=C　　（注：关系表达式的先后顺序可以改变）

6．[15]1

　[16]fact

7．[17]n<=19

　[18]n

　[19]s

8．[20]i<j 或 j>i

　[21]j=j-1

9．[22]i，i

　[23]i，5-i 或 5-i，i

10．[24]6，sum

　[25]i*(i+1)或(i+1)*i

模拟试题三

一、单项选择题（每小题 2 分，共 40 分）

1	D	2	B	3	D	4	C	5	A
6	A	7	C	8	B	9	C	10	D
11	A	12	B	13	B	14	D	15	B
16	A	17	D	18	C	19	A	20	C

二、填空题（每空 1 分，共 10 分）

1．代码

2．属性值

3．事件

4．事件过程

5．3

6．选择或分支

7．Pic.Print "Hello!"

8．1

9．28

10．传址

三、程序填空题（每空 2 分，共 50 分）

1．[1]Label1.Caption=Text1.Text 或 Label1=Text1 或 Label1.Caption=Text1 或 Label1
　　=Text1.Text

　　[2]Print 或 Form1.Print

　　[3]Label1.Caption=""或 Label1=""

　　[4]Cls 或 Form1.Cls

2．[5] 1000

　　[6] True

　　[7] Time

3．[8] Text1.Text 或 Val(Text1.Text)

　　[9] x Mod 4=0 And x Mod 6=2

　　[10] Text1.SetFocus

4．[11] Select Case x

[12] Case Is>50 或 Case Else

5．[13] sum+x 或 x+sum

[14] sum>100 或 100< sum

6．[15] 1

[16] 10

[17] f2+f1 或 f1+f2

7．[18] smin=score

[19] score>=0 或 0<=score

[20] score< smin 或 smin>score

8．[21]19

[22] zn=zn+1 或 zn=1+zn

9．[23] x 或 x()

[24] n/2 或 n\2 或 Int(n/2)

[25] n=n-1

模拟试题四

一、单项选择题（每小题 2 分，共 40 分）

1	B	2	D	3	A	4	C	5	D
6	A	7	B	8	A	9	D	10	C
11	B	12	A	13	D	14	C	15	B
16	D	17	A	18	C	19	D	20	B

二、填空题（每空 1 分，共 10 分）

1．窗体，标准模块，控件

2．事件

3．预设法，现改法（两空没有顺序要求）

4．Spc

5．6

6．视图，属性窗口

三、程序填空题(每空 2 分，共 50 分)

1．[1]1 To 9

[2]n+1 或 n

[3]Print x

2. [4]1

[5] 3^i

3. [6] y="x<100"

[7] 100 To 500

[8] Else 或 Is>500

4. [9] Int(Rnd() *90+10)

[10] x mod 2=0

[11] k mod 6=0

5. [12] List1. Additem Text1 Text

[13] List1. ListIndex=- 1

[14] List1. Removeltem List1. ListIndex

6. [15] 0

[16] n Mod 5=1 And n Mod 7=1

[17] Ncount

7. [18] a(j−1)=a(j)

[19] Reserve a(UBound(a)−1)

8. [20] OpenMode. Append

[21] OpenMode. Input

[22] Str=Linelnput(2)

9. [23] 100

[24] True

[25] Label1.caption=1

模拟试题五

一、单项选择题（每小题 2 分，共 40 分）

1	D	2	C	3	B	4	A	5	B
6	C	7	A	8	D	9	A	10	C
11	D	12	C	13	B	14	A	15	A
16	C	17	A	18	B	19	C	20	D

二、填空题（每空 1 分，共 10 分）

1. 属性、事件、方法

2. 6   True

3. 静态数组   动态数组

4. 9

5. 值   地址

三、程序填空题（每空 2 分，共 50 分）

1. [1]20

   [2] Int(Rnd*90+10)

   [3] x Mod 3

   [4] Print x；

   [5] x

2. [6]1

   [7]100

   [8] S+(I-1)/I

   [9] Next I

   [10] End Sub

3. [11] Select Case x

   [12] 0 To 20

   [13] Case Else

4. [14] Int(Rnd*91+10)

   [15]10-i

   [16] xx(j) = xx(j+1)

   [17] xx(i)

5. [18] a(9) As Integer

   [19] Int(Rnd*9+1)

   [20] a(x)=a(x)+1

   [21]9

6. [22] n As Integer 或 n%

   [23] fact=f

   [24] 1 To 5

   [25] s=s+fact(i) 或 s=fact(i)+s